"十三五"江苏省高等学校重点教材（2018-2-115）

创意产品CMF（色彩、材料与工艺）设计

姜斌 缪莹莹 编著

電子工業出版社
Publishing House of Electronics Industry
北京·BEIJING

内容简介

本书在产品创新设计、CMF 设计相关理论知识的基础上，以材料的分类为主线，介绍各种材料的性能特征；以创意产品设计案例为载体，详细分析 CMF 设计的具体应用及设计策略，并穿插各种材料的加工工艺和表面处理技术。本书在编写中根据注重实践的原则来安排内容，图文并茂、深入浅出地将理论知识融入案例中，以期能启发并指导读者进行设计创新实践。

本书可作为高等学校、职业学校的工业设计、产品设计、机械工程、材料工程等相关专业的教材，也可以作为产品设计人员、工程技术开发人员的参考书。

图书在版编目（CIP）数据
创意产品 CMF（色彩、材料与工艺）设计 / 姜斌，缪莹莹编著 . —北京 : 电子工业出版社，2020.1
ISBN 978-7-121-37588-0

Ⅰ . ①创… Ⅱ . ①姜…②缪… Ⅲ . ①产品设计 Ⅳ . ① TB472

中国版本图书馆 CIP 数据核字 (2019) 第 219788 号

责任编辑：赵玉山
印　　刷：北京缤索印刷有限公司
装　　订：北京缤索印刷有限公司
出版发行：电子工业出版社
　　　　　北京市海淀区万寿路 173 信箱　　邮编：100036
开　　本：720×1000　　印张：18.5　字数：473 千字
版　　次：2020 年 1 月第 1 版
印　　次：2025 年 1 月第 7 次印刷
定　　价：99.00 元

凡所购买电子工业出版社图书有缺损问题，请向购买书店调换。若书店售缺，请与本社发行部联系，联系及邮购电话：（010）88254888，88258888。
质量投诉请发邮件至 zlts@phei.com.cn，盗版侵权举报请发邮件至 dbqq@phei.com.cn。
本书咨询联系方式：（010）88254556，zhaoys@phei.com.cn。

随着科学技术水平的不断提高和经济的不断发展，产品的种类越来越丰富，消费者对产品的需求除实用功能外，越来越趋向于完美的用户体验和较高的精神需求。因此产品的色彩、材料和工艺的个性化设计显得尤为重要，可以给用户带来更好的感官体验。同时，材料的技术日新月异，需要设计师能将新材料、新技术应用在产品上，给用户带来全新的设计。

CMF 从字面上理解为：C 就是 Color，色彩；M 就是 Material，材料；F 就是 Finishing，工艺。CMF 的工作不是一个独立的工作，它涉及材料学、色彩学、工程学、心理学、美学等，是各学科、流行趋势、工艺技术、创新材料、审美观念的交叉产物。

本书分为三个部分，第一部分（第一章）介绍了产品创新设计的概念、分类和意义；第二部分（第二章）从专业解析、设计要素和设计流程等角度对 CMF 设计的相关知识进行剖析；第三部分（第三至第七章）以材料种类为主线，首先介绍材料性能特征，然后结合完整的创意产品设计案例详细分析 CMF 设计的具体应用及设计策略，并辅以案例相关的加工工艺介绍。

本书在编写中引用了大量的创意产品设计案例，根据注重实践的原则来安排内容，图文并茂、深入浅出地将理论知识融入案例中，以期能启发并指导读者进行设计创新实践。

本书由南京理工大学组织编写，分为七章。第一章、第四章、第五章、第六章主要由缪莹莹编写，第二章、第三章、第七章主要由姜斌编写。感谢研究生杨文文、张少伦、叶益、高寒、王鑫在资料收集和整理方面的付出。

由于编者水平有限，书中难免存在不足之处，敬请读者批评指正。

编著者

2019 年 7 月

目录 CONTENTS

第一章　产品创新设计

创新

1. 创新与社会进步

创新是指人类为了发展的需要，运用已知的知识、经验、技能，不断突破常规，发现或产生某种新颖、独特、有社会价值或个人价值的新事物、新思想、新成果，解决新问题，用以满足人类物质及精神生活需求的活动。创新活动是人类各种实践活动中最复杂、最高级的，是人类智力水平高度发展的表现。

创新的本质是“突破”，即突破旧的思维定势、旧的常规戒律。创新活动的核心是“新”，它可以是产品的结构、性能和外部特征的变革，或者是造型设计、内容的表现形式或手段的创造，或者是内容的丰富和完善，或者是流程和商业模式的重新再造，也可以是企业战略转型的模式，甚至是社会责任的转变等。

创新是人类社会文明进步的原动力，人类社会的每一点进步都是创新的产物。人类通过创新，创造了生产工具，创立了现代的生产方式，提高了生产力，增强了人类按照自然规律适应自然、改造自然的能力，使人类在自然界中获得了更大的自由。

创新是科学技术发展的原动力，人类通过创新创立了现代科学的理论体系，使人类深化了对世界本质及其规律的认识。

创新是社会经济发展的原动力，人类通过创新建立了现代的社会制度，为人类社会的可持续发展提供了更广阔的空间。当今世界各国之间在政治、经济、军事和科学技术方面的激烈竞争，实质上是人才的竞争，是人才创新能力的竞争。

可见，创新能力对一个国家、对一个民族的存在和发展具有极其重要的意义。如今，科学技术的发展使得交通和通信越来越发达，信息和商品的流通越来越便利。在这种创新浪潮中，一个民族如果不能通过创新使自己的民族不断发展、进步，就不可避免地会被历史的潮流所淘汰。

中华民族是富于创造性的民族，中华民族的祖先创造了灿烂的中华文明，为人类文明作出了突出的贡献。今天，中国的科学技术人员正凭着高度的自信心和民族自豪感，发挥聪明才智，发扬勇于创新的优良传统，为中华民族的和平崛起贡献力量。

2. 创新的类型

创新有四大类型，即变革创新、产品创新、市场创新和运营创新。

（1）变革创新

变革创新一般是划时代的标志，对社会、国家产生巨大影响。比如蒸汽机的发明，将手工作坊式的生产方式转变为机械化的大批量生产方式，标志着农耕文明向工业文明的过渡，也就是工业 1.0 所开创的“蒸汽时代”（1760-1840 年），这是人类发展史上的一个伟大奇迹。第二次工业革命进入了“电气时代”（1840-1950 年），石油成为新能源，使得电力、钢铁、铁路、化工、汽车等重工业兴起，并促使交通迅速发展，世界各国的交流更为频繁，并逐渐形成一个全球化的政治、经济体系。计算机的发明开始了第三次工业革命，更是开创了“信息时代”（1950 年至今），全球信息和资源交流变得更为迅速，大多数国家和地区都被卷入全球化进程之中，世界政治经济格局进一步确立，人类文明的发达程度也达到空前的高度。第三次信息革命方兴未艾，还在全球扩散和传播。第四次工业革命（工业革命 4.0）是“信息物理系统”的出现，物联网将机器与机器、人与机器、计算机互联网与人之间相互连接，人人可以定制产品或服务，利用移动设备可以远程控制智能工厂、智能设备、智能交通、智能生活等。

（2）产品创新

产品创新是针对企业的产品技术研发活动而言的，是站在客户的角度发现客户的潜在需求，寻求新的产品或者发现老产品的问题，研究客户的建议、客户的痛点，从而进行产品的变革。人们对创新的最朴实的意识是产品创新，所以才有了专注产品设计创新的 IDEO 公司，才有了产品创新的 TRIZ 方法论。

（3）市场创新

如何在产品之外进行创新？近年来，随着互联网、物联网的崛起，市场创新越来越被重视，像阿里巴巴、百度以及电子商务就是这样的产物。市场创新一般是针对企业而言的，是企业为了开辟新的市场或扩大市场份额而产生的创新模式。例如电子商务使得营销模式发生了巨大的变化，特别是线上线下的互动（O2O）给企业带来了巨大的销售机会，开辟了新的销售市场。

（4）运营创新

运营创新是对企业内部的流程、规范、规章制度等进行变革。比如，医院将以部门为中心的流程，改造成以病人为中心的流程。原来病人需要先挂号，再去看医生，如果需要透视、化验，就需要先划价，再交费，然后才能进行透视，等到化验结果出来，再拿着化验结果去看医生。改造后的医院对流程进行了创新，利用计算机技术、互联网、物联网技术，医生开完化验单后不需要再进行划价，甚至连交钱都可以在医生旁边的 POS 机上或者扫二维码完成。这样就不需要病人不停地走动，而医院内部的流程则由后台的计算机来完成。

产品创新设计的分类

产品在《现代汉语词典》中定义为“生产出来的物品”，即指能提供给市场，被人们使用和消费，并能满足人们某种需求的任何东西，包括有形的物品和无形的服务、组织、观念或它们的组合。对于市场而言，产品是商品；对于使用者而言，产品是用品。社会是不断变化的，因此，产品的种类、规格、款式也会相应地改变。新产品的不断出现，产品质量的不断提高，产品数量的不断增加，是现代社会经济发展的显著特点。

有关创新的论述始于 20 世纪初，由著名的经济学家熊彼特最早运用于经济学分析中。熊彼特在著作《经济发展理论》一书中提出了“创新”一词，并认为创新是“企业家对生产要素的重新组合”。它包含以下五个方面：引入新的产品，引入新的经验、知识和操作技巧，掌握原材料新的来源途径，开辟新市场，实现工业的重新组合。

何谓“设计”？在现代汉语中，设计一词的基本词义是设想与计划。《辞海》中的解释为：“根据一定的目的要求，预先制定方案、图样等，如服装设计、厂房设计。”从词源学的角度看，“设”意味着“创造”，“计”意味着“安排”。该词结构的本意，即“为实现某一目的而设想、计划和提出方案”。因此，设计的基本概念可以理解为“人为了实现意图的创造性活动”。

产品创新是指新产品在经济领域中的成功运用，包括对现有要素进行重新组合而形成新的产品的活动。全面地讲，产品创新是一个全过程的概念，既包括新产品的研究开发过程，也包括新产品的商业化扩散过程。而产品创新设计，可以理解为一个创造性的综合信息处理过程，通过多种元素，如线条、符号、数字、色彩等方式的组合，把产品的形状以平面或立体的形式展现出来。它是将人的某种目的或需要转换为一个具体的物理或工具的过程，把一种计划、规划设想、问题解决的方法，通过具体的操作，以理想的形式表达出来。

在科技高速发展的今天，产品是一切企业活动的核心和出发点，是企业赖以生存和发展的基础。企业的各种目标如市场占有率、利润等都依赖产品本身，产品创新设计是企业营销宝库中最厉害的竞争武器之一。如今，随着科学技术的发展和知识经济的到来，创新已从过去的偶然性发展到今天的必然性。国际化市场竞争日趋激烈、科学技术迅猛发展，任何一个产品的生命周期都是非常有限的，产品的优势越来越短暂，一切产品都处于激烈的竞争中。因此，产品创新设计对企业发展来说至关重要。

一个好的设计不仅使产品具有美观的形态，还能提高产品的实用性能。因此，设计需融合自然科学和社会科学中的众多学科知识，要从现代科技、经济、文化、艺术等角度对产品的功能、构造、形态、色彩、工艺、质感、材料等各方面进行综合处理，以满足人们对产品的物质功能和精神功能的需求，从而为人类创造一个更合理、更完善的生存空间。

1. 改进型设计

改进型创新是指对现有产品进行改造或增加较为重要的功能，对产品的成本和性能有着巨大的累积性效果。改进型设计可能会产生全新的结果，但是它基于原有产品，并不需要做大量的重新构建工作。改进型创新是建立在现有技术、生产能力、市场和顾客的变化之上的，这些变化的效果加强了现有技能和资源，与其他类型的创新相比，改进型创新更多地受到经济因素的驱动。消费者总是希望产品能够不断适应他们目前的生活方式和风格潮流，产品存在的目的就是满足消费者不断增长的需求。因此，这种类型的设计是设计工作中最为普遍和常见的。

虽然每个改进型设计带来的变化都很小，但他们的累积效果常常超过初始创新。美国汽车业的 T 型车早期价格的降低和可靠性的提高就呈现了这种格局。1908-1926 年，汽车价格从 1200 美元降到 290 美元，而劳动生产率和资本生产率都得到了显著的提高，成本的降低究竟是多少次工艺改进的结果连福特本人也数不清。他们一方面通过改进焊接、铸造和装配技术以及通过新材料替代来降低成本，另一方面还通过改进产品设计提高了汽车的性能和可靠性，从而使 T 型车在市场上更具吸引力。虽然改进型创新所带来的进步微不足道，但是持续进行这类产品的创新就能带来巨大改变，从而实质性地改变企业的现状。

案例 1：小米插线板

在小米公司推出插线板之前，市场上充斥着各种各样的插线板品牌，产品质量参差不齐，外观和功能几乎没有太大区别。很多厂商不重视这一领域的用户需求，导致插线板的产品质量停滞不前，无法得到改进。为了提供一款全新的插线板，改进现有插线板存在的问题，小米利用在互联网大数据以及挖掘用户需求方面的优势，历时 1 年多，生产出新款小米插线板，这款产品在发布当天就卖出 24.7 万只。

在材料方面，与普通的插线板不同，小米插线板外壳使用了高强度、耐高温、阻燃的 PC 工程塑料，经专业阻燃测试，高温可至 750℃，符合行业阻燃标准，这样即使发生短路起火也可以有效地控制火势。使用优质锡磷青铜作为内部最重要的导电结构材料，其弹性好、导电性强、耐磨损的特性大大降低了从前韧性差、易变形的黄铜材料造成的虚接、发热着火的安全风险。

在外观方面，插线板使用与手机相同的制作工艺，一次性无痕注塑而成，外观精致简洁。设计师在顶部、侧面各运用了不同的制作工艺：顶部进行磨砂加工，防止多次插拔剐蹭表面；侧面则使用镜面抛光工艺，能与周围环境融合。插线板的外观和插口附近的倒角都比普通插线板的大一些，使产品更加人性化。底部的四个角都有脚垫，放在桌面可以有效防滑，也可以保护底部的螺丝，避免受潮生锈。将脚垫取下后，可以看到里面的异形螺丝，采用这样的手段来避免用户自行拆解和螺丝钉脱落后造成的危险。

在结构设计方面，插线板的顶部是防过载开关，设计得非常小巧、灵活。每个电源接口都设置了独立的安全门，推安全门的单侧孔是打不开的，只有双孔同时受力才行，以保护儿童的安全。单孔需要 75 牛顿也就是 15 千克以上的力才可以打开，这对孩子来说是很安全的。

在功能上，小米插线板增加了 USB 充电插口、定时开关和用电统计等功能，让插线板的使用功能更全面多样。

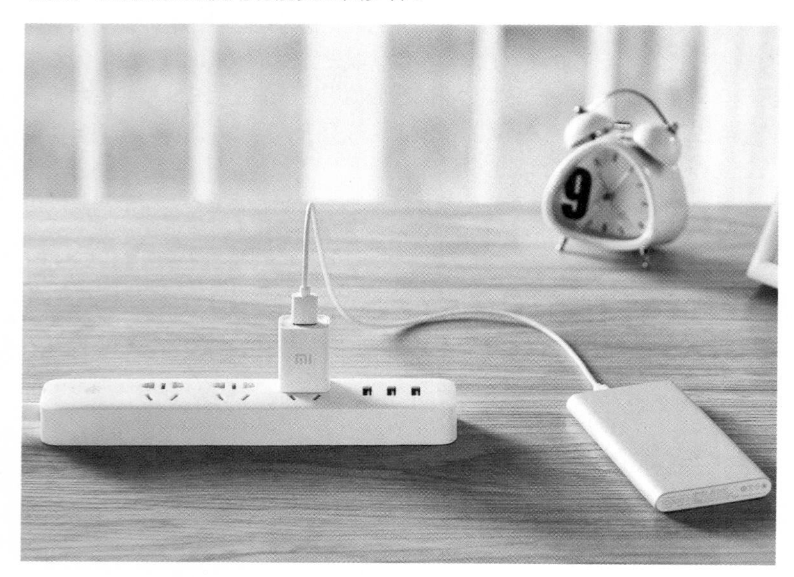

上述案例说明，通过对现有产品有针对性的改良，可以带来巨大效益，得到市场认可。

2. 创新型设计

创新型设计也称“原创设计”或“全新设计”，是指首次向市场导入的、能对经济产生重大影响的创新产品或新技术。通过新材料、新发明的应用，在设计原理、结构或材料运用等方面有重大突破，使得设计和生产出来的产品与市场上现有产品有本质区别。创新型设计往往会导致新的产业产生，甚至改变人们的生活方式，比如计算机、MP3 等。成功的全新设计几乎都处于时代的前列，全新设计虽然有可能改变市场甚至统治市场，但同时也存在极高的风险。创新型设计与科学上的重大发现息息相关，往往需要经历很长时间，并接受其他各种程度创新的不断充实和完善。

案例 2：戴森吹风机

詹姆斯 · 戴森（James Dyson）——工业设计师、发明家、真空吸尘器的发明者、戴森公司的创始人，被英国媒体誉为“英国设计之王”。作为一家创新科技公司和无尘袋吸尘器发明者，戴森致力于设计和研发能用科技来简化人们生活的产品。戴森始终通过技术革新为人们提供便捷，通过不断的改进与创新解决人们生活中容易忽视的问题。如今，戴森公司已经成长为由全球 1000 多名工程师组成的技术创新公司。

戴森吹风机在结构及技术层面具有很强的创新性，最特别的就是传统吹风机位于上部的电机被移到了手柄的位置，而机身部分则采用了中空设计。戴森的气流倍增技术能够喷射强劲的气流，更大的气流也意味着快速干发的同时需要更少的热量，能够很好地解决传统吹风机因为温度过高容易造成头发毛糙的问题。

吹风机的正面接口采用了磁吸式设计，磁吸力较大，靠近就会自动吸附上去，不会出现松脱感，换风嘴或者风嘴转向都比较方便。往里的内圈是出风口，发热元件位于机身前部，这样产生的热量能够在最短的时间内被急速扩散出去。基于以上创新，戴森吹风机的干发效果远优于其他产品。

3. 概念型设计

概念型设计又称未来型设计，是一种探索性的设计，旨在满足人们未来的需求。这些设计在今天看来，可能只是幻想，但是却可能成为未来的现实。这种创新设计会极大地推动技术开发、生产开发和市场开发。比如，各大汽车厂商会投入相当多的资源进行概念车型的开发和设计，进行未来市场的预测。

案例 3：Klarus 注射器

Cambridge Design Partnership 是一家拥有领先的产品和技术创新水平的设计公司，致力于帮助客户抓住新的机遇，专注于医疗保健和工业设备领域，每个产品的解决方案始于企业创新和精益求精的需求，推出以客户为中心且具有商业效益的突破性新产品。

Klarus 是一种新型的药物注射方式，可以解决患者定期使用自动注射器时遇到的困难。它将药物储存在合理的温度下，可加热以便注射，注射器中准备好针头和药物。患者需要做的是在得到提示时从支架中拿起可重复使用的自动注射器自行注射，并将设备返还到支架上。注射器被使用后，Klarus 系统将自动收集针头和药筒，以便之后安全处理。此外，它还会提醒患者药物或针头供应不足，并在需要使用时重新安装上针头和药筒。

Klarus 可用于类风湿性关节炎和多发性硬化等疾病，也可用于接种疫苗。Klarus 还可以让一些癌症患者在家中使用目前仅允许在医院给药的药物进行治疗，它为新兴的陪伴式诊断和真正个性化的药物治疗打开了大门。这种新兴的治疗方式可以为个体患者量身定制治疗方案。

Klarus 系统的设计考虑到了可行性的问题。它会以订阅式服务的方式提供给患者，如果用一次性自动注射器取代每周治疗，它将在仅仅一年的时间内收回成本。除有助于改善患者的治疗效果外，它比以往的方式更加环保，人们每次只需要处理一个小药筒，而不是整个自动注射器。

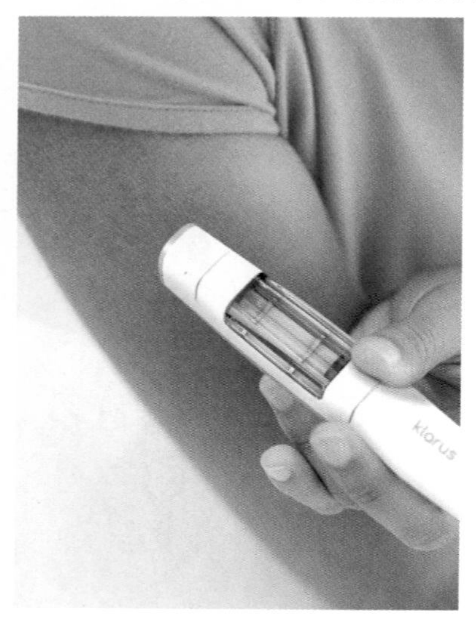

产品创新设计的意义

1. 对社会的意义

（1）产品创新设计能力就是竞争力

重视产品创新设计是各国、各企业已达成的共识。无论是发达国家还是后起的新兴工业化国家和地区，都把设计作为其创新战略的重要组成部分，一些国家甚至将其上升到国策的高度。分析日本和韩国的工业振兴历程，不难发现创新设计在其中所发挥的巨大贡献，可以说，正是对设计技术的高度重视和推广普及，为日本和韩国的工业产品赢得了广泛的声誉，促使他们的产品在世界市场上取得巨大成功。

随着我国制造业的转型，“中国制造”升级到“中国创造”的思潮不断升温发酵，我国的工业设计也从行业层面上升到国家战略层面。国家“十二五”规划纲要明确指出，要“加快发展研发设计业，促进工业设计从外观设计向高端综合设计服务转变”，这标志着我国工业设计进入了一个历史跨越时期，实现规模的扩张和质量的提升，为推动我国工业设计产业化创造了良好环境。

所有这一切都表明，产品创新设计能够满足用户对产品多样化的新需求，提高产品的市场竞争力。因此越来越多的企业纷纷致力于通过产品创新设计能力提高企业核心竞争力。

（2）推动社会经济发展

人们常说科学技术是第一生产力，说科学技术是生产力就在于它能够推动社会经济的发展。产品创新设计作为艺术与技术相结合的产物，同样具有促进社会经济增长的价值。企业的生产，首先需要有设计方案，然后才能根据设计方案购买原材料和劳动力，并组织生产。只有按照设计方案生产出来的产品，才能够在材料、结构、形式和功能上最大限度地满足人们生理与心理、物质与精神等多方面的需求，产品才有可能具有商品的活力，产品才有可能在市场上得到最大程度的销售，这是企业生存和发展的根本。不仅企业的生存和发展有赖于商品的活力，一个地区、一个民族，乃至于一个国家的经济都依赖于商品的活力。而要让产品富有商品的活力，设计仅仅停留在设计方案上是不够的，还需要将设计贯穿至生产、流通和消费的全过程，企业需要通过优良的设计将企业在先进工艺设备、科学的管理、廉价环保的原料以及销售技术方面的优势发挥出来。

2. 对企业的意义

（1）科研与市场的桥梁和纽带

任何先进技术和科研成果，要转化为生产力，必须通过设计。只有把科研成果物化为消费者乐意接受的商品，才能进入市场，并依靠销售获得经济效益，最大程度地实现科技成果的价值。因此，设计是企业与市场的桥梁：一方面将生产和技术转化为适合市场需求的产品；另一方面将市场信息反馈给企业，促使企业的发展。

发达国家的工业设计发展史表明，当人均 GDP 达到 1000 美元时，设计在经济运行中的价值就开始被关注，当人均 GDP 达到 2000 美元以上时，设计将成为经济发展的重要主导因素之一。当进入以创新实现价值增值的经济发展阶段时，产品创新设计就会成为先导产业。因此，产品创新设计水平将极大地影响高新技术产业的发展水平。

（2）提升产品附加值，增加经济效益

如果说传统意义上的产品设计以使用价值与交换价值为主导，审美价值和社会价值在其次，那么现在的情形发生了很大的变化。随着世界经济竞争的日益激烈以及全球经济一体化进程的加速，通过设计增加产品的附加值成为目前经济竞争的一种强有力的手段。所谓增加产品的附加值，就是指通过设计提升产品的审美价值和社会价值。产品的审美价值和社会价值在逐步提升的过程中，有时甚至会超过产品的使用价值与交换价值，进而成为产品价值的主导。这样的策略，能够降低产品的可替代性，使企业掌握制定价格的主动权，意味着产品竞争力的提高，经济效益和社会效益的增加。

无数成功的经验告诉我们，产品创新设计是提高产品附加值的行之有效的手段之一。比如，特斯拉于 2003 年在美国硅谷创立。2009 年，特斯拉推出了第一款自主造型的概念车——Tesla Model S Concept。2013 年，Model S 量产车型问世，该车型定位为豪华运动轿跑车，与传统 C 级轿车直接竞争。该车拥有卓越的性能、堪比汽油车的续航里程和颠覆性的驾驶理念，很快获得了广泛的赞誉和大量的订单。2016 年，特斯拉推出了性价比更高的 Model 3 作为其平民车型，获得了单月 40 万辆订单的优异成绩。特斯拉作为电动汽车行业的先驱者，可以说是非常成功的。特斯拉没有把商业盈利放在第一位，而是选择优先做好产品研发，以精益求精的工匠精神尽其所能将产品的品质提升到最好，不断在技术、外观等方面进行创新设计，这也是特斯拉得以成功的原因之一。

（3）创造企业品牌，提升企业形象

品牌的形成首先是产品个性化的结果，而设计则是创造这种个性化的先决条件。设计是企业品牌的重要因素，如果不注重提升设计能力，将难以成就一流企业。韩国三星公司是利用设计创造品牌、增加利润的典型。2004 年，三星公司赢得了全球工业设计评比 5 项大奖，销售业绩从 2003 年的 398 亿美元上升到 2004 年的 500 多亿美元，利润由 2003 年的 52 亿美元上升到 100 多亿美元。美国《商业周刊》评论说，三星公司已经由“仿造猫”变成了一只“太极虎”。在国内，诸如海尔、联想、华为等一批具有前瞻眼光的企业已经意识到了产品创新设计在提升企业形象中的重要作用，这些企业通过开发自身的品牌而逐步成长壮大为国际性的大企业。

3. 对用户的意义

（1）改变人们的生活方式

今天，从设计纽扣到设计航天飞机，产品创新设计已经进入到各行各业，渗透到我们生活的每一个细节，成了社会生活不可分割的部分。从人们所处的环境空间，到人们对物品工具的使用，再到思维的方式、交往的方式、休闲的方式等，无不体现着设计的影响，无不因设计的存在而发生变化，有的甚至是翻天覆地的转变。

产品不仅会潜移默化地对人们的生活产生影响，甚至还会导致人与人之间的社会关系的重大改变。对此或许每一位手机用户都有切身体会：自从手机问世以后，尤其是智能手机的普及以后，人们的生活方式、角色关系也在发生着改变。只要一机在手，无论是在高山海滨还是田野牧场，都掌控着一个实时、远程、互动的通信系统，而且可以通过手机上网实现购物、游戏、学习、办公等各种功能。甚至有研究者们发现“夫妻间信息的沟通因手机的出现而变得异常方便的同时，他们享受的交流空间却缩小了”。

（2）帮助消费者认识世界

产品反映着设计师对社会的观察和认识，也反映着设计师对艺术、文化、技术、经济、管理等各方面的体悟。这些观察、认识和体悟被设计师融入设计的产品中，在用户与产品的接触中，或多或少、或深或浅地影响了用户对于世界、社会的认识与理解。

例如，自二十世纪八九十年代始，设计师们围绕着环境和生态保护进行探索，提出诸如绿色设计、生态设计、循环设计以及组合设计等设计理念，并形成了不同的设计思潮与风格。顺应这些设计思潮的产品（如电动汽车、可食用餐具、可循环使用的印刷品与纸张、带可变镜头的照相机等）在很大程度上能强化用户的环保意识，加深用户对于人与环境和谐共处的理解。这样，我们就不难理解日本设计家黑川雅之的话，“新设计的出现常常会为社会大众注入新的思想”。

在积极的意义上，产品创新设计对用户认识和理解问题的影响，是一种说服和培养，属于广义的教育。当然，工业设计对于用户起到的教育作用，不仅仅在于上述的影响，还有更多的内容。用户通过接触使用产品，通过认识、思考和理解，会在文化艺术、科学技术、审美、创造力以及社会化等方面获得经验、增长知识、培养能力，在思想、道德等方面提高素质。比如，各种造型可爱、功能多样的儿童玩具具有益智功能，能对儿童起到教育的作用，有利于儿童的健康成长。同样，市场上许多设计精美的同类产品，功能相似但形式多样，无形中能提升公众的审美能力和创新能力。公众在使用计算机、智能手机等电子产品的过程中，对相关文化知识和电子信息技术的了解都会有所加强。

章节思考

三人为一个小组，列举典型的改进型设计、创新型设计、概念型设计案例，并分析探讨这些产品的设计创新点，以小组汇报的形式进行交流分享。

第二章 CMF 设计

CMF 专业解析

CMF 设计是一门新兴的专业学科，它通过设计将色彩、材料、工艺三者完美结合，从而赋予产品新的品质与价值。该学科将材料的功能、工艺特征与人类价值观相结合，从而提升产品的用户体验，增加用户黏性。

在 CMF 设计过程中，除设计师的经验和知识会对设计过程产生影响之外，社会文化和艺术背景、视觉设计语言、产品种类和消费者群体的产品选择等外部因素也对设计过程发挥着作用。使用合适的材料和工艺技术是 CMF 设计的核心，只有视觉效果和功能特性达到完美平衡时，产品才能提供持久、成功的用户体验。

近年来，CMF 正不断地发展为独立完善的设计领域和广受欢迎的行业。研究该设计领域的专家们都有着不同的背景，来自不同的专业，具体包括制图、纺织、工艺和产品设计、时尚、服装、插画、品牌推广和广告宣传等。虽然他们来自不同的专业领域，却相互依赖，并无明显的界限。在 CMF 设计专业，这些领域都将大放异彩。

CMF 设计专业主要包括：色彩设计、色彩开发、材料设计、材料开发、表面设计、工艺设计、CMF 战略、CMF 开发、趋势跟踪和预测以及叙述和营销等内容。

（1）色彩设计

色彩设计着重于设计配色与表面工艺。一方面，基于材料特征和终端产品应用，有不同的方式可以实现色彩效果。另一方面，色彩效果受表面工艺和材料本身影响。色彩设计领域的大部分工作都致力于消费品涂料、涂层的开发，色彩设计直接影响人的视觉及触觉感官，带来不一样的用户体验。

（2）色彩开发

色彩开发涉及专业的涂料和工艺开发商，他们有着强大的化学学科背景，在实验室里进行各项重要研究。基于产业和色彩功能，他们需将油墨和涂料混合，以此开发创新技术。除了技术层面，色彩开发还需要与日新月异的市场季节性趋势相协调。有些公司仅专注于色彩和表面开发，服务一系列不同的产业。

（3）材料设计

材料设计是指将现有材料技术与功能需求、艺术趋势相结合的活动。多数情况下，使用创新材料的产品在市场上很快就风靡一时，从而使材料设计成为品牌 DNA 的重要因素之一。材料设计师对材料研究具有很强的艺术感和好奇心，这些促使他们做出了富有新意的设计。

（4）材料开发

根据产品的技术规格和功能要求，材料开发致力于创造高性能材料。多数情况下，材料开发商有很强的技术背景或与材料工程师有着密切合作。通常，材料开发商与材料设计师需协力合作，以确保材料的技术和功能开发。

（5）表面设计

表面设计集中于结构、形态和图形设计，而后将其运用于产品表面。这些产品包括一系列的天然和合成材料，如金属、塑料、纸张、纺织物、家居装饰品、墙面涂料、地板等。虽然表面设计是 CMF 设计的重要部分，但由于其本身的专业性，它也是一门独立的学科。

（6）工艺设计

工艺设计注重产品的最终外观和感受，以及生产过程中的功能和艺术特征。多数情况下，工艺设计隶属于材料设计。实际上，只有根据材料的功能特征和生产可能性，才能确定具体使用哪种工艺。由于工艺设计是 CMF 设计的基础部分，本书从第 3 章开始，将以材料为基础，列举最常见的工艺过程。

（7）CMF 战略

CMF 战略决定 CMF 设计的构思和发展，这一时间跨度为三到五年。该领域的专家能够洞察客户，将获取的信息转变为具体的产品和市场机遇。在有形成果面前，他们是极富远见的预言家。由于每个 CMF 设计都会在市场进行销售，CMF 战略与设计的商业层面紧密相连。

（8）CMF 开发

CMF 开发需要与供货商密切合作来开发产品所指定的色彩、材料和工艺。通常，该过程始于某个目标样品，然后将其转换成“可生产性”材料。由于每个样品需要经过一系列的色彩、材料、工艺及技术产品规格的检验，CMF 开发是一个漫长的过程。于业内人士而言，他们需要有很强的组织能力和数据应用能力，那样才能成功地分析样品的开发、生产、检验和总体进程。

（9）趋势跟踪和预测

为了预测客户需求，CMF 设计师必须预测客户行为。所以，只要拥有预测新趋势的能力，他们就能改变市场。公司依赖本行业的专家们为其开辟新未来，因为这些专家能够预测产品的发展趋势。其他致力于趋势跟踪和预测的非业界专家包括未来学家和具有很强客户洞察力的社会科学家。

（10）叙述和营销

每位 CMF 设计师都必须是出色的叙述者，能够说服公司和目标客户。叙述并不意味着天马行空，而是用事实和数据来展示为什么某种颜色能吸引顾客眼球。

CMF 的设计要素

1. 目标客户

谈及产品时，不同的客户会有不同的功能需求和期望，准确定位客户将有助于产品设计。目标客户也就是通常所说的消费群体，企业借助于信息和产品可以更准确地定位客户。企业会根据客户的性格特点和消费行为将他们进行分类。基于产业模式，企业会定位一个或多个客户群。

为了创造能够吸引客户的 CMF 设计，与那些研究客户群的专业人士保持紧密联系十分重要。在大企业，他们可能隶属于市场研究部，也可能是致力于客户研究的第三方机构。一旦定位好目标客户，设计师便将客户的需求转变为有形的设计因素。通常，该项工作由具备设计经验和相关背景的专家完成，他们能够解决客户需求和设计之间存在的分歧。为了确保新产品能广受客户欢迎，与以上人士协力合作显得尤为重要。

在产品开发过程中，企业通常会邀请潜在目标客户体验一系列的产品样品，收集他们的意见，从而生产最符合客户期望的产品。虽然一些人不赞同这项实践，认为客户无法预测未来，但此方法可以满足客户对产品的审美和功能需求，从而赢得客户的青睐。

2. 情感需求

产品的材料、色彩和工艺具有唤起本性、刺激消费者情感需求的作用。每个人对特定材料的功能和感知价值都会有固有看法，在多数情况下，材料或色彩的唤起性比现实感受还要强烈。从传统上讲，能够历经时间的考验，保持实际感知价值的材料来自自然资源，如钻石、水晶、玻璃等矿物和金、铂、钛等贵金属都有极高的实际感知价值。如塑料，尽管是高性能产品，但由于其普遍性，很难给用户传达较高的感知价值。因为其不易分解，被视为环境问题的罪魁祸首。又由于塑料的易产性，使其被低成本大量生产成为可能。

由日本品牌 Nendo 设计的 Fade-Out 椅子看起来好像站在一片薄雾中。椅子的椅背和坐垫由木材制成，支腿由丙烯酸制成，经过工匠的涂漆处理，在塑料表面添加木纹，并使木材纹理逐渐淡化至透明，给予用户感官上的微妙体验，使得新产品给人一种亲近感，提升了椅子的感知价值。

最近，材料在功能特征和视觉外观之间有了新分歧，人们就材料外观和功能作用展开了讨论。为了提高抗压性，智能材料不再坚硬笨重，如再造聚碳酸酯，因其强度大、重量轻，正被应用于高档跑车遮阳篷的制造。

3. 文化背景

了解目标客户的文化背景和产品背景是产品和品牌定位能否获得成功的关键。艺术感知会随着文化背景不断变化，并对消费群体有着持续影响，同时消费者本身也在转变、融合和进化。

4. 自然环境

产品的功能会对设计的色彩、材料和工艺产生影响。以体育用品为例，由于运动类型的不同，产品的功能存在差异，在确定色彩和材料时，需要考虑不同的自然环境因素。

同时，环境与用户的生活方式息息相关。基于用户的审美倾向和价值观，产品并不是独立存在的，它们与同一空间内的其他产品共存。对于这些问题的考虑尤为重要，它们有助于我们对生活方式和产品系统进行细致的思考。创造独立的产品和品牌是产品生态系统必不可少的一部分，它也能为用户带来便利。

5. 市场

很多情况下，市场本身就操纵着产品更新周期。零销商在 CMF 设计变化中扮演着重要角色，他们从生产商那里要求色彩、材料、工艺的专营权，这使他们从竞争中脱颖而出，同时带给消费者一种独立专营的安全感。美国的手机销售商就是如此，他们要求给品牌专门配色。凭借这种方式，虽然不同销售商出售的产品在功能和形式上大同小异，但每种产品都有特定的颜色。

6. 产品种类

在不同产业，不同产品可能有着同样的功能、品牌战略，并且定位于特定的群体或展现相同的视觉审美。对于产品范畴及其子范畴，有不同的分类原则。将产品依据特定原则进行分类并拓展、丰富产品种类十分重要，这既能够确保产品的准确定位，又能通过不同的渠道如营销、广告、零售环境、电商等影响目标客户。不论 CMF 设计是为何种产品服务，为了准确定位其功能和情感设计特征，必须对产品类型有透彻的理解。

比如，在自行车产业可以找到产品类型定位的实例。虽然大多数自行车功能相同，但它们可以用于许多不同的活动，如比赛和城市通勤。就比赛而言，包括越野赛、山地赛和场地赛等。反之，城市通勤则适用于在城市生活、短距离移动的人们，因此这类自行车更注重款式，而非专业性能。

7. 产品生命周期

受技术、外部规章、产品性能的局限，各种产品有不同的生命周期。CMF 设计必须考虑产品的使用寿命，从而确保其性能和审美价值。

不同产业有着不同的产品和上市周期。就功能和审美而言，消费者对有些产品已有预期，如服装、家用电器、汽车等。因此，产业需要及时采取措施，回应消费者预期。拥有很长上市周期的消费品在市场上会留存很久，消费者更倾向于投资长线产品而不是周期很短的季节性产品。

涉及 CMF 设计时，急于求成的产业会致力于大胆的艺术试验。反之，稳步发展的产业则依赖传统的艺术性，这也使它们能长期维持实际感知价值。以时尚产业为例，产品的使用期限是由季节决定的，这为该产业设定了快节奏的模式。许多产品在 6 到 12 个月内就被淘汰，就色彩、材料、工艺而言，并不用持续一个周期。反之，在汽车业，由于更新换代速度慢，公司则寻求更长期的发展。汽车外观设计在 3 到 5 年后才会被淘汰，这就需要使用能够持续更久的色彩、材料和工艺。

理想的 CMF 设计能够提供个性化机会，也就是所谓的“产品更新”，从而确保产品的审美和功能特征能持续更久，可以由改变某一系列产品的色彩或其他部分实现。

CMF 的设计流程

1. 收集信息

收集的信息主要包括产品简介和调查研究两部分。

（1）产品简介

产品简介是对产品的简要概括，它列举了项目范围、具体任务、项目预算和预计时间，它是启动 CMF 设计过程最重要的信息。此外，产品简介的质量越高，任务越明确，设计越成功。理想状态下，出色的产品简介包括大量的客户信息，如年龄层、性别、地理位置、市场类型和产品种类（专营、主流或低端产品），还包括市场研究和竞争信息。

收集信息需要不同层次的 CMF 设计参与，最基础的通常是产品组合创新，通过开发新色彩、材料和工艺可以实现这一点。这类情况基于审美和消费趋势来创造新意，无须研发新功能、新因素。比如，将瓶盖的颜色从蓝色变为绿色，从而使它看上去更加耐用；或将产品标签的图案换成手写字体，从而看上去更真实。这些例子都属于 FMCG（快速消费品）产业，该产业希望通过紧缩预算来生产快速消费品。

CMF 设计参与最复杂的层面在于规定某种产品的不同组成部分。比如汽车的内部通常有 350 多个部件，根据产业标准，每个部分都有不同的材料、工艺和技术要求。所以汽车内饰的 CMF 设计过程常常在汽车投入生产的前 42 个月就要启动。

（2）市场调查

在 CMF 设计之前，调查和分析市场是一项和客户加强联系的基础性工作。对竞争对手的分析和对市场的研究是十分复杂的过程，这通常由具有营销、统计和商业战略背景的专家完成。这项工作要求以市场和目标客户为基础来定位现有和未来产品。在大企业内，有独立部门完成该项工作。在小企业，这一过程通常外包给外部顾问。总而言之，知晓并分析竞争对手的数据是明智之举。就 CMF 设计而言，市场调查的工作是由设计师展开的，调查的同时也能获取设计灵感。

市场调查的方法很多，比如参观市场，观察、购买类似的产品或竞品，以便了解市场上各种产品的功能特征和消费者的审美趋势。参观和调查市场还可以吸收不同产业的看法，了解产品趋势和用途。

2. 展开叙述

CMF 设计过程中需要掌握一定的方法，比如趋势追踪、掌握创建角色与创建情绪板的方法、学会讲故事，以此来辅助 CMF 设计。

（1）趋势追踪

趋势追踪即不断观察、记录和分析市场背景下的各种变化。应对市场趋势的核心在于理解市场不是静止的，而是不断变化、快速发展的。市场趋势广义上体现了宏观的变化和运动，狭义上体现了趋势的量变。设计色彩、材料和工艺时，各项趋势都很重要。比如，我们要了解技术将如何让材料变得更薄、更轻和更坚固，从而推动透明、分层和柔和色系的使用。这一趋势不仅基于视觉审美，也基于新技术所提供的新功能。

又比如，有一些涂料、涂层和染料的供应商，每季都打造色彩趋势宣传册，向客户宣传它们的品牌、最近的流行色和表面处理的技术创新。

（2）创建角色

角色代表着人类的生活、欲望、抱负和价值观，这些都基于真实数据而非固定观念和文化猜想。建立基于真实数据的角色能帮助我们获取相关消费者的线索，摆脱对市场和消费者的固有观念或错误看法。

（3）创建情绪板

情绪板是一种用来提供灵感，并与目标消费者建立情感联系的辅助工具，它代表了对产品外观和使用感受的需求。情绪板并不总是真实存在的，可以是对不同生活方式的投影。多数情况下，情绪板作为风格指导，可以感知产品未来创造、开发和应用的方向。

为了定义视觉设计语言、风格和材料，CMF 设计情绪板的核心在于搜寻和创建合适的图形、形象或物体，来表现重要的信息，通常为情绪板找到合适的图片并不容易。

角色和情绪板的差别在于角色注重生活背景，如社会活动、环境和文化，而情绪板注重用具体的美学符号来支持设计过程。进行 CMF 设计时，可同时创建角色和情绪板，角色能够为消费者的生活带来乐趣，情绪板能够连接消费者和设计的视觉、功能要素。

（4）讲故事

为了吸引客户和终端消费者，借助视觉因素和具体信息来讲故事是沟通设计理念最行之有效的方式。如果是基于真实活动、消费行为或市场趋势，该方式会更加有效，它能使故事更加引人入胜。

讲故事本身就是一门独立的学问，但 CMF 设计的核心在于故事所传达的信息。除了实际市场活动，它还需在色彩、材料和技术层面独当一面。以耐克为例，他们的故事往往基于材料和技术创新，这也成了市场信息必不可少的一部分。比如，耐克的飞织（Flyknit）技术将不同材质进行缝合，进一步减轻了鞋的重量。

3. 制定 CMF 策略

CMF 战略需仔细考虑用户是如何通过从初步交互到长期使用，再到最终回购产品这一系列接触与产品建立联系的。

（1）CMF 指标

CMF 指标作为一个工具，在构思过程的初始阶段就应该使用。定位产品的感官和功能特征需要使用工具，CMF 指标为理解和平衡两者的关系提供了简便的方式。使用时，只需依照 CMF 指标将每个样品的功能和情感因素进行分析，进一步理解客户所期待的产品效果、功能和情绪特征。

（2）功能特征

从定义上看，功能特征更持久，代表了耐久性、柔韧性和抗压性等。

耐久性是材料抵抗自身和自然环境双重因素以及长期破坏作用的能力。耐久性越好，材料使用寿命越长，使用寿命长的材料有皮革、金属等。同时，使用寿命短、易被丢弃和回收的产品也推动了易回收材料和实用材料的组合使用。

材料的抗压性和柔韧性在制造过程或工业应用中都能被增强或削减。如橡胶这样的弹性材料，即使受压也能恢复原形，那是因为它们具有不变形的特质。反之，高压性材料如玻璃和脆性塑料则倾向于破损。不同材料可以承受不同程度的压力，对于那些需抵制各种外部压力的产品来说，抗压性尤为重要。材料的抗压性与其预期寿命直接相关，因为消费品总是会在某个不确定的时刻损坏。

（3）情感特征

情感特征包括的形容词有经典、现代、活跃、年轻、奢华等。所有这些概念都受外部感知的影响，并且会随着时间的推移而改变。多数情况下，产品的情感特征不仅受色彩、材料和工艺的影响，还受最终产品和营销战略的影响。创造高情绪化的产品时许多因素应当相互结合，这就体现了来自不同领域的专家相互合作的重要性。

（4）中性特征

产品的触感和舒适性是中性的。人类感知材料的能力是 CMF 设计的一大基本出发点，触觉可提升产品的视觉外观，支持产品功能的实现。许多情况下，触觉是材料或面料的内在特征之一，如棉和丝绸的柔软性。触觉也可被称为附加特性，可以通过不同的工艺过程实现，如玻璃喷砂或金属冲压等。

因为触感涉及与产品表面的交互，在产品设计过程中使用合适的触感材料相当重要。如果产品需具备防滑性能，其触感就会显得粗糙。如果想要提供一种柔和感，材料的触感应当柔软。

对大多数产品来说，舒适度是必要条件之一，尤其是那些与人体或皮肤直接接触的产品。在医疗服务业、耐用电子业、服装业、汽车业和航空业，材料应当提供高度的舒适性。但是基于实用性，材料也必须同时为用户提供很好的使用性能。

4. 理解 CMF 分工

理想化的 CMF 分工应当超越产品的美学风格，通过各种形式自然而然地渗透入用户的价值观。为了优化产品性能和用途，CMF 设计分工应与生产设计同步。比如，材料选择应在产品设计之初就完成，而不是孤立地存在。

（1）永久性与灵活性

当产品在不同的市场价格和消费层之间上下移动时，CMF 的有些因素具备永久性，而有些则具备灵活性，可以随着 CMF 变化不断升级。

如移动设备的机箱，作为一种可视外部结构，便是永久性因素的例子之一。同类产品的机箱大多相似，不同的外壳、色彩和部件都是基于色彩和工艺的变化而设计的，从而确保产品的个性化和长期使用。

就灵活性而言，有一些产品采用塑料、橡胶、硅胶等材料，其最大的魅力在于成本低、易于制造，主流消费者可以低价购买这类产品。某些产品特定的版本要求高端复杂的生产技术或不可复制的手工细节，这些因素使得生产成本高昂，因此这些产品只受到上层消费者的欢迎。

比如，Giro Reverb 城市骑行头盔将材料进行形象化分工：拥有轻量但极其坚韧的结构；带缓冲衬垫；头盔内部轻便牢固的壳层能抵制噪音；可拆卸式帽檐和自调节贴合系统使得产品简便易用；舒适的触感和可移动帽舌也增加了时尚感。

（2）建立一、二、三级理解

为了清晰的 CMF 战略，可以根据第一、二、三级理解因素来组织设计活动。但要牢记，不同的产品需采用不同的方式。

一级理解是指我们从一段距离之外可以分辨的主要表面特征。以汽车为例，一级理解是外部颜色、尺寸、形状或轮廓。在 CMF 产品创新层面，尤其是在需要展示视觉形象时，一级理解就是指材料技术和其工艺效果。

二级理解与表面因素和功能部分相对应。为了能让终端用户与产品进行互动，需要对产品加以细致观察。就消费品而言，这也是产品触感的关键要素。二级理解因素应当包含工艺、色彩效果或表面的结构细节。如果它们已被涂色，二级理解就是涂料的效果，比如光滑、粗糙、璀璨等。

三级理解与产品的具体细节相对应，强调了产品的功能和形式，从而提升产品的感知价值。这些细节对高端产品来说尤为重要，因为它们体现了对视觉和技术的大量投入。比如高端汽车内部，每个皮座上都有手工刺绣标识，而低端汽车内部的座椅则是由合成材料制作而成的，座椅上只有厂家印刷的标识。

个性化细节和三级理解因素能为产品创造“附加价值”，有些产业就基于 CMF 细节不断地升级产品，如汽车的金牌标识或手表的手工铭文等。以 Tom Davis 眼镜为例，它可以让客户选择 CMF 设计因素，在镜框上雕刻名字等定制化服务。

（3）规模和比例

就表面装饰而言，图案、纹理和总体布局的规模分布必须与产品的大小互成比例。小物体配上大图案就会很怪异，也会降低其实际感知价值。产品的表面细节和区分越错综复杂，产品的实际感知价值就越高。在手表和珠宝业，精于细节的手工方式能够突出产品的弥足珍贵。但这并不意味着小表面也要充满各种装饰，应当合理进行不同因素的组合。

5. 构建 CMF 体系

CMF 体系是样品的实体采集或产品不同部分色彩、材料和工艺的具体体现。构建 CMF 体系是选色、选材料、选工艺的过程，它也需要设计策略的支持。

理想的 CMF 体系应当包括并展现所有必要信息。多数情况下，CMF

体系是电子文档和具象展示的结合，其重要因素包括情绪板、角色组合、描述 CMF 感官与功能特性的关键词、具象样品或设计。以上这些都与具体分工相互联系。

（1）建立关键词

要想成功构建 CMF 体系，就要从建立一系列的关键词做起，从而支撑产品叙述和功能特征。语言和 CMF 设计相互依赖，使用词典来选择合适的语言属性，进一步制定设计过程是十分必要的。就功能和感官部分而言，可以使用 CMF 指标来组织关键词。需要注意的是，描述性语言和视觉因素的意义由于文化和产品的不同而不同，每个产业都有 CMF 特性的技术术语或行话。

（2）定义分工

为了探究产品有多少组成部分，使用了多少种色彩、材料和工艺，就要进行产品分工，这是一个复杂的过程。使用一、二、三级理解能够帮助定义各项部分。同时从工业设计师或产品工程师那里获取产品观点也有助于开展 CMF 探究。

（3）创新样品

建立关键词和分工后，下一步就是收集色彩、材料和工艺的样品。构建 CMF 体系时，其样品来自不同的资源，它们可以是真实物体、新材料、新颖色彩或新表面处理技法等。在大企业内，为了缩短时间，从供应商那里获取和应用已投入大量生产的样品是不错的选择。

（4）产品形象化

虽然 CMF 样品的材料和色彩看似协调，但应用于产品本身时，可能会有截然相反的效果，所以需要将产品形象化表达。

产品的形象化可以是数字的形象化过程，也可以是产品的外观模型或原型。虽然现代电脑软件可以将产品三维形象化，但还是需要创建产品原型，尤其是当产品形式复杂时，原型可以给人真实感。原型并不需要在细节上与产品完全一致，只要它们能够展示设计的形式、外观和感受即可。

在最终方案之前，产品的数字形象化过程可以通过将不同的色彩、材料和工艺组合，在线提供大规模定制的产品，成为公司的一种销售工具。

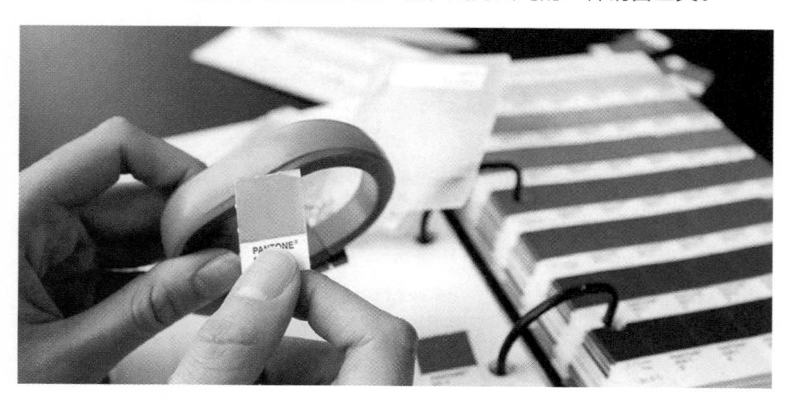

6. CMF 开发

CMF 开发是通过应用不同的材料技术，执行设计概念。该阶段要求探索设计和创新的真实可行性，最终将其应用于产品的大规模生产。

（1）设定 CMF 技术规格

一旦选择好 CMF 色板，就需要确定供应商来制作样品。样品的量取决于 CMF 设计因素的复杂性，涉及的色彩、材料和工艺种类越多，销售商和供应商的数量就会越多。为了确保方向正确，需要为每个供应商设定明确的技术规格。

CMF 规格通常依赖于人们对产品因素的不同意见，并且借助于计算机辅助设计和各种图纸文件，通常以三视图来表现，其中正视图是最常见且最易于应用的产品视图。CMF 规格的信息越具体，就越易于生产商理解和执行任务。

CMF 规格文件中每个图纸的各个部分都应该进行命名和编号，同时对样品的描述也应匹配。可以在目标样品里附上供应商的具体信息，并保留一份样品用来检测开发结果。不同部分的描述包括不同因素，如材料类型（树脂、木材、金属），光泽度（光滑、暗淡），工艺类型（刷染、喷砂、抛光）等。CMF 规格是复杂的文档，需要花费大量时间和精力，优秀的管理、计划和组织能力能为该过程加分。

（2）与供应商沟通合作

一旦 CMF 规格制定，下一步就是与供应商沟通。一般来说，所需的色彩、工艺效果可通过具体材料获得，但为了适应生产过程，常常要做出许多调整。此外，也需与供应商相互协作，达成一系列的妥协。与供应商和生产商的合作应当是不断实践的过程，这样才能不断发现新机会和新挑战。

就 CMF 开发设计时间框架而言，一般需要经过三轮样品循环，直到样品能应用于大量生产为止。当时间和成本还未决定时，CMF 设计创新在于研发的时间和资源分配。CMF 开发时间越充裕，创新成果就越多。

章节思考

以当前市面上各大手机品牌的最新款智能手机为案例，查阅相关资料，分析该类产品在 CMF（色彩、材料和工艺）设计上的创新，并尝试探索手机产品的 CMF 设计趋势。

第三章 木 材

木材是能够次级生长的植物（如乔木和灌木）所形成的木质化多孔纤维状组织。这些植物在初生生长结束后，根茎中的维管形成层开始活动，向外发展出韧皮，向内发展出木材。木材是维管形成层向内发展出植物组织的统称，包括木质部和放射薄壁细胞。木材为林业主产物，对于人类生活起着很大的支持作用。根据木材不同的性质特征，人们将它们用于不同途径。

Red Cedar
红雪松

关于红雪松

红雪松别名北美乔柏，其密度低、收缩小、隔热保温性出色。红雪松易于切割、黏合及上漆。红雪松含有天然防腐剂，可防潮、防腐和防虫，其稳定性是常见软木的两倍。红雪松长度长、纹路纤细笔直、木理均匀。最常见的种类是加拿大生长的西部红雪松，可以刨为光滑表面，或用机器加工成任何形状。由于不含松脂和树脂，红雪松与各种黏合剂都可黏合，并为多种涂料和着色剂提供稳固基础。

特性

380kg/m^3

低密度

气味芳香且防腐

纹理通直均匀

硬度低

不适用于曲木加工

来源

主要来自美国东部、加拿大、乌干达、肯尼亚和坦桑尼亚。

价格

根据板材硬度不同，红雪松价格也有偏差，但大多数红雪松价格中等，并且容易在市场中寻得。

可持续性

根据环境保护组织的报告，红雪松并未受到威胁，数量充足。

材料介绍

红雪松是为数不多的适用于室外的树种之一。如果使用得当，红雪松可持续数十年之久，甚至在恶劣的环境中也是如此。由于具有天然防潮、防腐和防虫性，因而对于全年暴露于阳光、风雨和冷热气候中的建筑表面而言，红雪松是理想之选。极佳的稳定性及抗变形能力使其十分适用于桑拿房、浴室和厨房等高湿度的环境。由于红雪松优良的纯天然特性，使其在全球市场深受欢迎。

红雪松是北美等级很高的防腐木材，它卓越的防腐能力来源于自然生长的一种被称为Thujaplicins的醇类物质。另外，从红雪松中可萃取出一种被称为烯酸的酸性物质，这也确保了木材可以不被昆虫侵蚀，无须再做人工防腐和压力处理。

自17世纪早期开始，德国大量生产铅笔，红雪松制成的铅笔气味芳香，渐渐演变成大批量生产的产品。

由于其独特的芳香气味，红雪松还常用于制作香烟盒、衣橱、箱子等来驱逐蛀虫。另外，红雪松还可制成首饰盒、书架、雕刻品、家具胶合板等。即使是刨花，也会被提炼制成精油。

产品案例分析

AA 凳子

By Torafu Architects

产品介绍

“AA 凳子”是由 Torafu Architects 事务所设计的，使用者根据需要可以自由组合添加，增加或缩短凳子长度，不用的时候折叠放平即可，便于储藏。凳子由红雪松制作而成，红雪松木质较轻，便于凳子灵活搬放。凳子腿两端呈微小的对角线状，简洁的“A”字形轮廓组合构件让凳子能够保持平稳的同时也起到支撑的作用。

color

良好的耐腐蚀性使红雪松家具保留了原木的自然与温情，与钢铁、塑料的冰冷相比，原木更显温暖。在高效、快捷的现代生活中，原木色可以使人身心得到很好的放松。从颜色上来看，浅木色作为一种天然色彩，其明度较低，不会显得太喧宾夺主。在现代家居搭配中，一把浅木色座椅可以为生活带来一份宁静与平和。

material

红雪松是所有具有商业性的针叶树种中密度较低的树种之一，该木材强度适中且耐候性出色。

作为一种轻质低密度的商用软木，红雪松在加工时非常容易干燥且收缩率很小，尺寸稳定性佳，可以用机器加工成任何形状，而且锯切刨削性也非常优异，可机器加工成表面光滑如缎的成品。但红雪松被钉住时容易裂开，蒸汽热弯成型性能很差，因而很难制成曲面制品。

产品案例分析

finishing

木材经过锯割后的表面一般较粗糙且不平整，因此必须进行刨削加工。木材经刨削加工后，可以获得尺寸和形状准确、表面平整光洁的构件。

刨削是单件小批量生产的平面加工产品中最常用的加工方法之一，利用与木材表面成一定倾角的刨刀的锋利刃口与木材表面的相对运动，使木材表面一薄层剥离，完成刨削加工，一般用于平面物体的表面粗加工。经过刨削加工后的木料一般都需要用不同精度的砂纸进一步加工处理，最后得到较为光滑的平面。

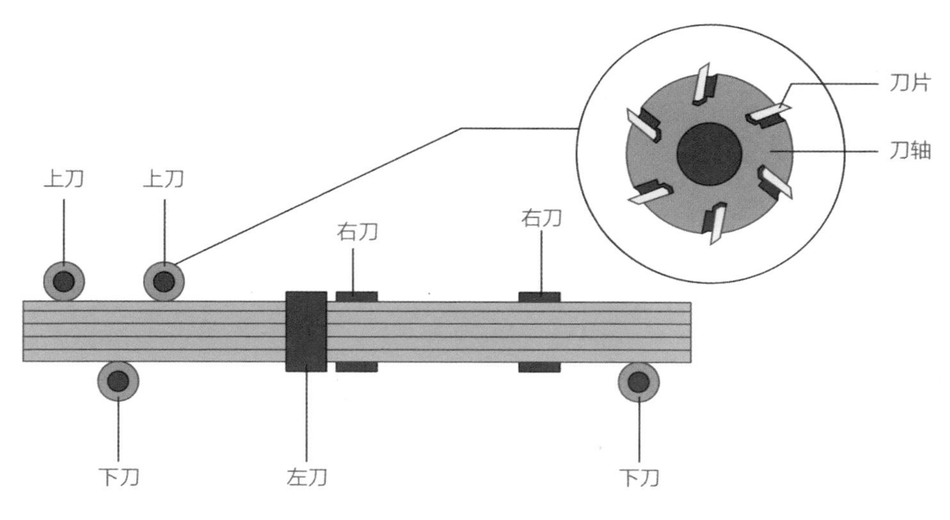

木工刨削工艺

刨削最主要的方式为平刨，平刨主要有以下几种方法。

① 平刨加工基准面和侧面，压刨加工相对面和边。运用这种加工方法可以获得精确的尺寸和较高的表面质量，但此加工方法劳动强度较大、生产效率低，适合于不规整毛料以及生产规模较小的产品。

② 先平刨加工一个或两个基准面（边），然后用四面刨加工其他几个面。这种加工方法精度较低，表面较粗糙，但生产率比较高，适合于不规整的毛料以及中、小型生产规模。

③ 先由双面或四面刨一次加工两个相对面，然后用多片锯纵解加工其他面。这种加工方法精度较低，但劳动生产率和木材出材率相对较高，适合于规整毛料以及生产规模较大的产品。

④ 用四面刨一次加工四个面。采用这种方法要求毛料比较直，因没有预先加工出基准面，所以加工精度较差，但劳动生产率和木材出材率高，适合于规整毛料以及规模较大的连续化生产。

⑤ 压刨或双面刨分几次调整加工毛料的四个面。此法加工精度较差、生产效率较低、比较浪费材料，但操作较简单，一般只适合于加工精度要求不高、批量不大的内芯用料。

⑥ 平刨加工基准面和边，铣床加工相对面和边。此法生产率较低，适合于曲面以及宽毛料的侧边加工。

工艺成本：加工费用低，单件费用适中。
典型产品：建筑、家具等大型产品。
产量：单件、中批量皆可。
质量：成品表面精度低。
速度：单件成型速度中等。

Oak
橡木

关于橡木

橡木是隶属于壳斗科麻栎属的一种木材。橡木是一类树木的总称，树木种类很多，有红橡与白橡之分，是一种粗糙、褐色且带有独特纹理的木材。白橡和红橡外观颜色区分不大，即红橡不红，白橡不白。

橡木树心呈黄褐至红褐，生长轮明显，略成波状，广泛用于装潢贴皮用材和制酒桶。

特性

720kg/m^3
高密度
高硬度
质地粗糙
线性纹理
易于加工
防水性良好
稳定性极好

来源

红橡主要产于北美、欧洲、土耳其等；白橡主要产于亚洲、欧洲和北美。

价格

在硬木材料中属于中等价格。

可持续性

生长周期长，一般 30 年左右可采伐，60~100 年成材。

材料介绍

作为一种常用的木材，橡木木质坚硬沉重、质地细密、机加工性能良好。白橡管孔内有较多的侵填物，不易吸水、耐腐蚀、强度大，欧美国家用白橡木桶来酿造和保存葡萄酒。

橡木具有比较鲜明的山形木纹，并且有着良好的质感，容易让人觉得亲切和舒适。橡木的颜色、纹理、特征及性质会随产地变化，通常按产地区分，并分南方北方出售。南方橡木比北方橡木生长迅速，且木质较硬、较重。南方橡木颜色偏红、有色差，适合做深色涂装的产品；北方橡木颜色偏浅红、略白，且颜色均匀，适合做浅色产品。

由于橡木质地硬沉，水分脱净比较难。未脱净水制作的家具，过一年半载可能会出现收缩或开裂。通常进口橡木板材在国外已经经过严格的烘干处理，具有很好的稳定性。也有些厂家直接从国外进口原木，自己剖切烘干。目前国内很多橡木家具的专业厂商制造的橡木家具稳定性都很高。

产品案例分析

华尔道夫木质玩具

By Mikheev Manufactory

产品介绍

该系列儿童玩具由手工制作的一些形状独特的天然橡木块组成，非常适合创造性和建设性的游戏。动物玩具像拼图一样互相贴合，给儿童带来不一样的快乐时光。玩具上涂覆的是食品级亚麻籽油，儿童接触时不会有安全问题。在玩木制玩具的时候，孩子会触摸和感觉天然的材料，发展触觉和精细运动技能。圆润的形状和光滑的表面纹理使玩具对孩子绝对安全。玩具套装可以作为送新生儿的礼物，也可作为室内装饰品。

color

在色彩方面，橡木颜色庄重，给人以厚实的安全感。玩具在用色上保持了木材的本色，突出质朴的自然气息，安全无害的同时将环境装点得素雅、纯净。细致明显的木纹使得橡木不加雕饰也同样充满了独特气质。

material

橡木质地均匀而紧密，纹理美丽而独特，具有比较鲜明的山形木纹，具有极强的装饰效果。橡木边材柔软，密度大，质地坚硬，在儿童使用时保证其安全性，即使发生磕碰，也不会造成严重的伤害。

橡木是目前使用最普遍的硬木材料之一。品质好的橡木可用于家具产品制造、地板材料、船舶制造、建筑结构等。橡木除了可进行实木加工，也可以对其进行刨切木皮，用来作为表面粘贴装饰材料。

产品案例分析

finishing

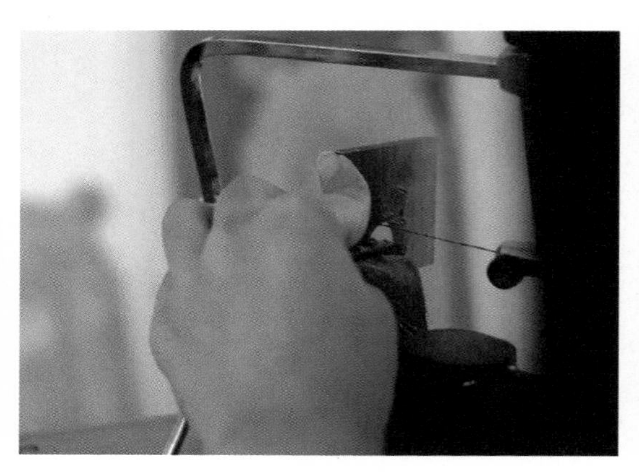

木材的曲线切割主要是运用曲线锯进行加工，常用的曲线锯分为电动曲线锯和手工曲线锯两种。电动曲线锯加工效率高，但曲线加工需要一定的技术训练。手工曲线锯是传统木工制作的重要组成部分，易于操作，适合加工单件精密物体。

曲线切割的效果与木材本身和曲线锯条的选择有关。由于木材的密度不同，同一曲线锯条锯出来的效果会有所不同。曲线锯条的材质分为高碳钢、合金钢、钛钢、铸钢、铸铁等。锯齿种类分为侧切齿、波浪齿、锥斜齿和复合齿，不同的锯齿功能有所不同。锯齿密度越高切割越精细，但也越费劲和耗时。

产品案例分析

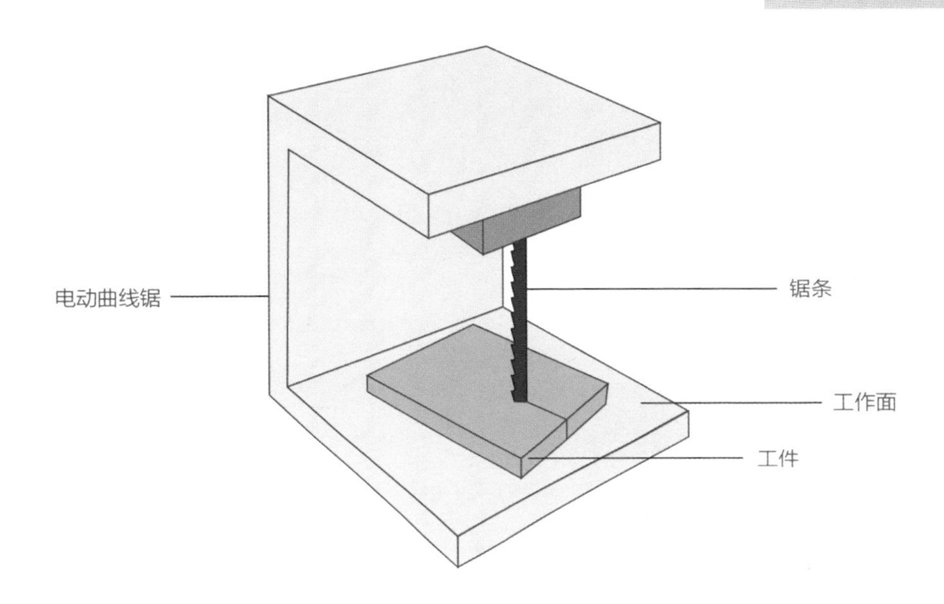

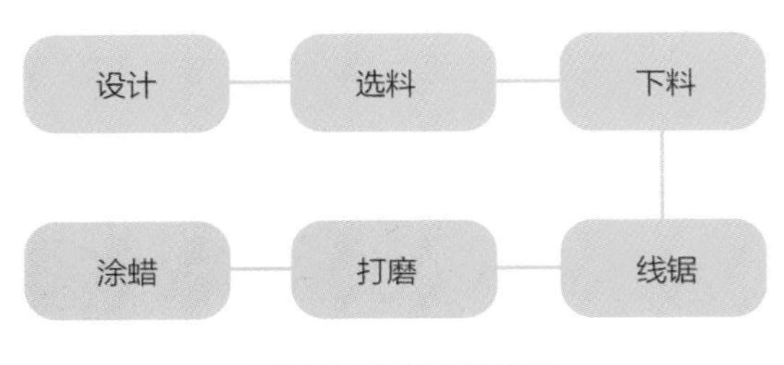

手工艺木制品制作流程

工艺成本：加工费用低，单件费用适中。

典型产品：家具、儿童玩具等大小适中的产品。

产量：单件、中批量皆可 。

质量：切割精度受技术影响较大。

速度：机械加工成型速度快，手工加工成型速度较慢。

手工艺木制品的制作流程：

① 设计：构思图纸，包括形状、尺寸、图案以及后期油漆颜色等；

② 选材：考虑选用什么木材，有些木材密度大且纹路清晰、均匀、好看（如菠萝格、黄花梨木等），也要考虑到后面用什么油漆颜色来配合，还要考虑木制品的整体风格等；

③ 下料：按设计描绘出大概尺寸，出料（预处理木材），制作出大致形状；

④ 制作（线锯）：在上一步的基础上进一步细化；

⑤ 打磨：整体打磨抛光；

⑥ 完成（涂蜡）：组装并进行表面喷涂处理，得到成品。

Douglas Fir
花旗松

关于花旗松

花旗松俗称道格拉斯冷杉，是原产于北美西部的常绿针叶树种，是一种被广泛使用的结构用材。它的色泽和纹理呈暖蜂蜜色，芯材带有丰富的红褐色宽条纹。花旗松有早材和晚材之分，它们之间的区别在于其颜色，晚材颜色较深，年轮更为鲜明。虽然花旗松木和其他软性木材（比如松木，雪松木）相比不是那么出名，但是它有着独特的色泽、老虎皮纹般丰富的纹路和天然的香甜味气息。

特性

530kg/m^3
硬度高
抗压强度好
抗弯强度好
含脂率高
无节疤
抗磨损力强

来源

大多数的道格拉斯冷杉来自美国和加拿大。英国、法国、澳大利亚和新西兰也有不同种类的花旗松分布。

价格

价格中等。

可持续性

花旗松是速生物种，自然条件下可迅速更新换代。

材料介绍

花旗松是一种被广泛使用的结构用材，木材质地从细微到中等，纹路笔直、非渗水性、硬度高、抗磨损力强，深受工程师和建筑商的青睐，特别适合用于结构件和重型木结构中，还被广泛用于木桩、铁路枕木、仓库以及其他注重结构性能的领域，如支架、桥部件、木屋和商业建筑物。

花旗松经加工后可获得超长的净材（无疵木材），具有高硬度和很大的抗弯强度，适合加工成窗框和门框、木线条、橱柜和其他细木工制品，其较强的硬度和强度也增加了产品的耐久性。在加工花旗松时，需要保持锯子锋利。同时，速生木材在切割时需要格外注意，纹理被径直切过时可能会裂开。

另外，花旗松具有很高的抗腐蚀性和优异的结构性能，也是制作工业用储液箱、大桶以及其他储存容器的主要木材。

产品案例分析

碳化花旗松楼梯

By Gon Alo Campos

产品介绍

风吹日晒的户外环境往往需要结实耐用的产品，这也就是木制楼梯很少出现在室外的原因。而碳化楼梯因为耐腐蚀性较强，在保留了木材温厚与自然的视觉感受的同时，还能满足现代环境设计的需求，因此被广泛运用。目前，碳化花旗松木材已成为现代环境设计的常用材料之一。

产品案例分析

color

碳化花旗松在室内及户外设计中广泛应用于地板、木制楼梯等领域，且常与各种不同的材质进行搭配使用。棕色的木纹具有古朴典雅的效果，深棕色木材与白色大理石的搭配，既有现代时尚感，又不失雅致的美感。

material

花旗松具有浅淡的玫瑰色泽和美观的通直纹理，经阳光晒过后颜色变暗。花旗松的韧性纤维不适合手工切割或雕琢，使用锋利的电动工具和机床可以获得平滑的切割面。这种木材可以顺着纹理形状加工成多种产品。经过碳化处理的花旗松表面具有一种涂抹过油漆的效果，且突显了木纹表面的凹凸感，产生出一种立体效果。

碳化的加工过程如下：

步骤 1：选材。在碳化之前需要对即将碳化的木材进行挑选。众所周知，木材分为多种等级，包括一级材、单面无节材、无节材等，对于不能达到后期加工要求的有缺陷的板材需要剔除。

步骤 2：排版。把挑选好的符合碳化标准的木材整齐排放，每一层木材中间加上钢材使上下层木材不要贴合在一起，这样更有助于木材碳化。

步骤 3：进罐碳化。一般碳化的温度在 160℃ ~230℃之间。因为每一类木材的密度、含水量不一，碳化的温度和时间也不一样。

步骤 4：出罐。经过 24~48 小时的等待（松木一般 24 小时左右，硬木一般 36~48 小时），木材碳化完成，冷却之后就可以出罐了。

步骤 5：抛光。如果木材在碳化之前没有经过抛光处理（直接锯开，表面毛糙），出罐后就需要通过抛光来增加木材本身的光洁度，抛光后的木材纹理更加鲜明。

产品案例分析

除了碳化之外，给实木器件上油漆也是一种保存木材的方式。油漆过的木材可以防止潮气进入，也可以减少空气的氧化，还能预防虫害，让木材保存时间更长。

木材用的油漆一般分为水性漆和油性漆，还可以分为底漆、面漆、家具漆、地板漆等。水性漆是水溶性的涂料，无毒环保。水性漆在涂刷时比较简单，不易出现气泡。油性漆的工艺相比水性漆要复杂得多，但油性漆比水性漆的防护作用好，在防潮和防氧化方面的效果都比水性漆突出。

加工过程：

以实木家具为例，油漆的工艺流程主要分为清漆施工工艺和混色油漆施工工艺。

① 清漆施工工艺：打磨基层—刷清漆—满刮腻子（主要是修补钉眼和缝隙等凹槽）—刷清漆—砂纸磨光—刷清漆—砂纸磨光。每次刷漆都是等前一层漆膜快干透的时候再刷下一层，重复最后两个步骤直到油漆完工。

② 混色油漆施工工艺：打磨基层—满刮腻子—磨光—砂纸打磨—刷漆—修补腻子—磨光刷漆。刷第一层油漆时，注意油漆的厚度，之后要进行干燥处理再进行接下来的处理。

工艺成本：费用较低。

典型产品：大部分的家具、木质产品。

产量：各种产量均适合。

质量：被油漆过的木材能够很好地防潮、防氧化、防虫害等，能延长木材使用寿命。

速度：加工周期长，温度控制要求高。

Beech
榉木

关于榉木

在我国，榉木是江南特有的一种木材，在古代民间传统家具中使用范围广泛。在明清红木家具的样式还未成熟之前，榉木一直都是民间家具的常用材料，被广泛用于江南地区传统家具的制作，民间甚至有“无榉不成具”的说法。正因为如此，我国的榉木材料也日渐减少。1999 年，榉木甚至被列为国家二级重点保护植物，禁止采伐。现在我国国内市场出售的榉木多进口自欧洲或者北美地区。榉木纹理清晰，质地均匀，色调柔和流畅。不同品种的木质颜色不同，例如，欧洲榉木呈奶油棕色，而美洲榉木则颜色更红、纹理更深。

特性

960kg/m^3
纹理密闭、连续、通直
强度较高
可加工性能好
易于表面处理
干燥不当易开裂
蒸汽弯曲性能好

来源

欧洲和北美地区。

价格

属于中高档次的家具用材。

可持续性

欧洲榉木资源丰富，满足市场需求。

材料介绍

榉木也写作"椐木"或"椇木"。现在我们常用的山毛榉，指的是欧洲榉木，它是一种质感细腻的奶油棕色木材，并布有均匀斑点。美国的榉木相对而言质感粗糙，有大的颗粒和泛红的颜色。榉木作为一种实用的木材有很好的密度、出色的强度、蒸汽弯曲性能好。

榉木拥有特殊的、如同重叠波浪尖的"宝塔纹"。其硬度比一般的木材都要高，木质相对较沉。除了木色、纹理、硬度的优势之外，榉木还拥有承重性能好、抗压性佳等优点，常被用于船舶、 建筑、桥梁等。在日常生活中，家具、木门、地板、工艺品等中也常常能见到榉木的身影。

产品案例分析

桑纳 14 号椅

By Michael Thonet

产品介绍

桑纳 14 号椅是法国设计师迈克 · 桑纳在 1859 年设计的，由桑纳自己的公司从 1859 年开始生产。这款座椅是世界家具史上第一款批量生产的椅子，现在依然被广泛使用。桑纳 14 号椅简洁优美、轻巧实用，既具有手工艺的美感，也能够批量生产，被称为“椅子中的椅子”。它既可以登堂入室摆在王公贵族的会客厅里，也可以成为普通大众家庭或路边咖啡厅里的坐具。

color

在颜色的搭配上，桑纳 14 号椅经典的咖啡色使其可以很好地与椅子的外形呼应，具有简约现代的感觉。同时，暖色调的深棕又使其很适合餐厅等公共场合，深色系既防脏又可以作为百搭色巧妙地与环境融合。餐厅采用棕色加暖黄灯光搭配，暖暗的环境在刺激消费者的食欲的同时，更带给用户一种宁静与温暖的感觉，使就餐者产生一种“回家”的感觉。

material

榉木木质紧密，比普通硬木都重，抗冲击能力强，在蒸汽的作用下比较容易弯曲，制作造型优美的家具较为方便，因而成为木制品和实用家具的主力。曲木家具因其自然圆润的弧形而给人一种亲切柔和的感觉，同时欧洲榉木浅淡、细腻的木纹又给人以温暖舒适的感觉。

桑纳 14 号椅采用了独创的曲木工艺，从椅子的左后腿到靠背再到右后腿，由一根完整的木条弯曲而成。这种弯曲工艺是将木材放置在 100℃的高温下蒸 6 个小时，蒸汽会充分浸入木材直至饱和，此时木条变得十分富有弹性，可以弯曲成型。

finishing

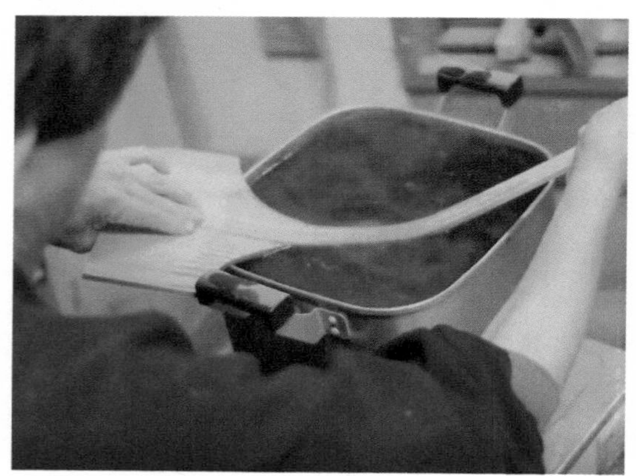

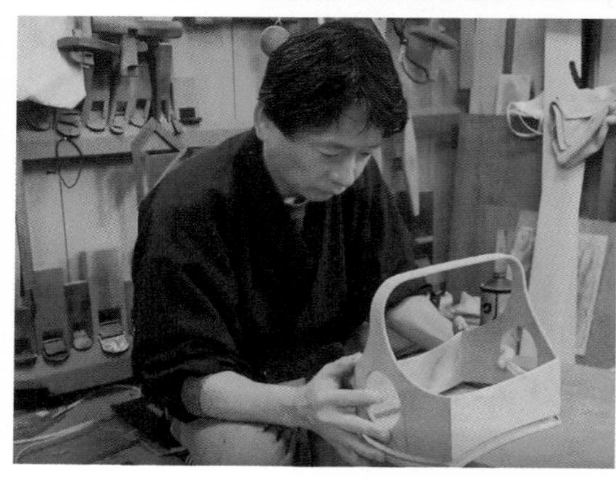

蒸汽弯曲是将木材置入高温的密封容器中，将木材进行加热软化，然后取出用特定的模具快速弯曲成特定形状的过程。木材在加热软化后，其可塑性会暂时大大提高，冷却后立即恢复硬度，适合制造具有曲面特征的产品。此工艺结合了工业制造技术和手工艺技术，因此成品质量很大程度上依赖操作工的经验。

另外，蒸汽弯曲工艺模具费用低、对设备要求较低，因此常用来制作产品模型来验证设计概念。对于复杂的形体，可以分件单独进行热弯，再拼接组装。尽管理论上该工艺可以弯曲任何形体，但蒸汽弯曲单件成型速度缓慢，最长制作单件时间可达 3 天，因此会增加小批量生产的成本。

因为其易于加工的属性，所以无论是大规模机械生产还是小作坊制作，榉木都能胜任。除了经典的榉木蒸汽弯曲加工工艺，榉木也可以进行良好的表面处理或者雕刻。需要注意的是，榉木比较易燃，所以在打磨处理时尽量选择锋利的工具。此外，若烘干方法不正确榉木会扭曲或分裂，并且榉木不太适合用钉子固定，钉钉子时可能会裂开。

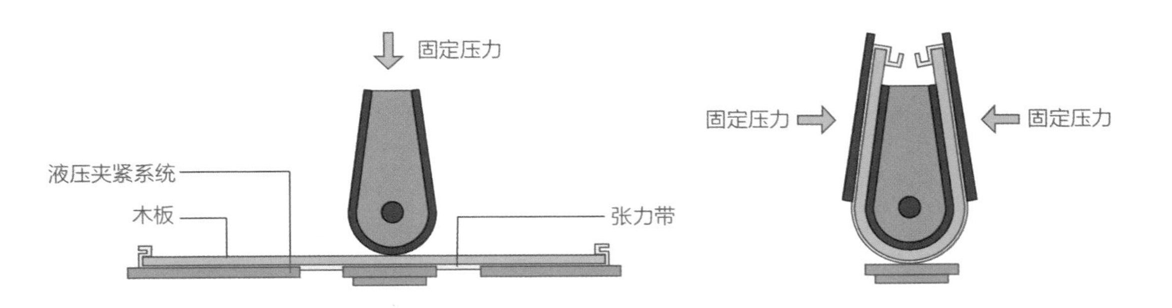

蒸汽弯曲工艺

设计建议：
① 对于复杂的形体，可以分件单独进行热弯，再拼接组装；
② 木材必须在热弯之前就做好轮廓切割，以降低成本和时间；
③ 最小热弯半径取决于木材尺寸和品种。

加工过程：
步骤 1：选择合适的毛料；
步骤 2：将木料置于蒸汽上，软化处理；
步骤 3：将软化的木料进行弯曲并定型；
步骤 4：干燥木料。

工艺成本：模具费用低，单件费用适中。
典型产品：船舶、木制家具、木制乐器等。
产量：单件和大批量皆可。
质量：表面质量和硬度都很高。
速度：单件成型速度缓慢。

产品案例分析

Maiko Okuno 漆器

By Maiko Okuno

产品介绍

漆器设计师 Maiko Okuno 的设计理念是“创造有生命的物品”，与大多数设计师的漆器作品都是按照传统的形状来制作不同，Maiko 设计的作品形状都非常有趣。Maiko 的作品形状往往围绕泪滴状和其他弯曲的曲线来进行创作，这也使 Maiko Okuno 的作品赋予了一些现代的风格。她制作的漆器器皿根据木材的纹路进行制作，完整地保留了木材的纹路，每一个产品都经过精心打磨、上漆，体现了真正的工匠精神。

color

制作漆器的生漆是从漆树割取的天然汁液，生漆可以配制出不同色漆。同时，制作漆器的生漆有耐潮、耐高温、耐腐蚀等特殊的性能，其耐久性好，富有光泽。无色清漆涂抹在乳白色的木碗上，更显木碗的干净自然。相比金属、陶瓷及塑料食器，木质餐具更带有一种天然的温情。榉木的色调温和有质感，暖色调更能激发使用者的食欲，也更能传达制造者的情怀。

material

榉木质地匀称，纹理流畅，木质紧密而较重，木纹细且较直，常被用作家具木碗等。Maiko 的部分作品采用榉木，榉木的纹理清晰，没有拖泥带水之感。Maiko 制作的每一个木质漆器，都由手工制作而成，从选择粗糙的木材，到通过木工车床和自制工具制作成所需的形状，再精细打磨，最终通过上漆保护，成为一件可以使用一生并值得珍惜的物件。

finishing

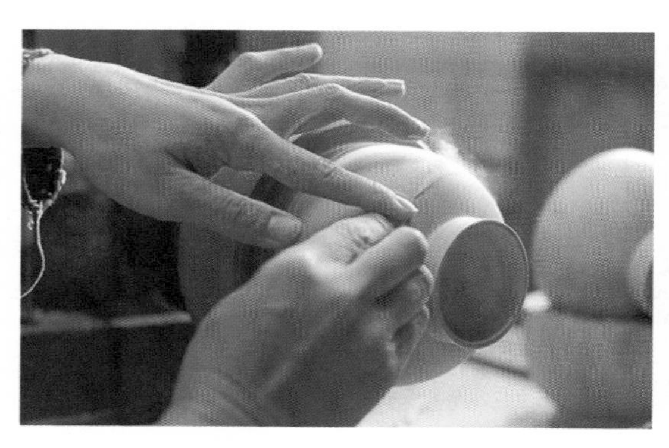

车削是木器具加工成型的常用方法之一。木材通过夹具固定在做旋转运动的器件上，刀具做直线进给运动，通过控制刀具进给量控制木件形体。木材车削主要用于加工回转体，如圆柱形、圆锥形、盘形、球形等，其工艺简单，生产费用低，适合大批量生产较为复杂的回转体。由于切削机床调整欠佳、刀具选择不合理、刀刃变钝或切削时发生振动或切削角、切削量、进给速度选择不当等问题，工件也会产生一定的缺陷。另外，木材车削对木材本身也有一定要求，木材表面的纤维方向、年轮方向不佳或局部涡纹、扭纹或含水率过高等也会影响加工精度。

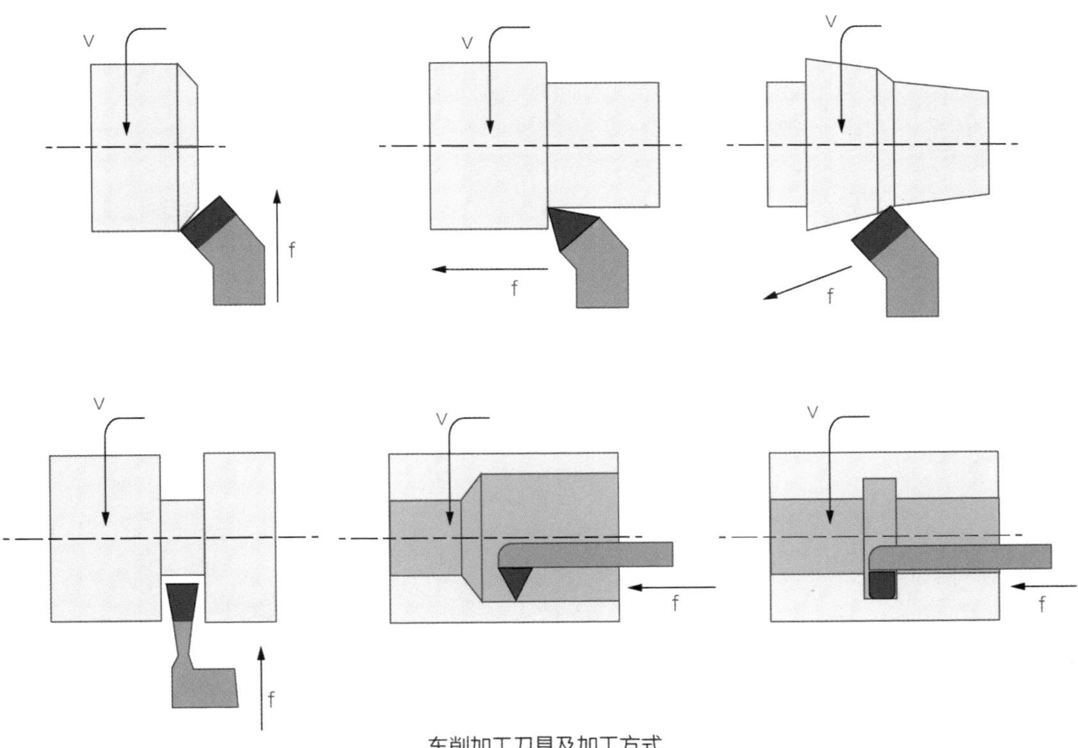

车削加工刀具及加工方式

车削加工是制造行业中使用最为广泛的一种加工工艺，车削加工范围广，使用的工具、卡具繁多，所以车削加工的安全技术问题就显得特别重要。

车削加工时重点注意：① 切屑的伤害及防护措施；② 工件的装卡；③ 安全操作。

工艺成本：批量加工成本较低，单件加工费用适中。

典型产品：回转体。

产量：单件、中批量、大批量皆可。

质量：加工精度较高。

速度：生产效率较高。

Walnut
胡桃木

关于胡桃木

胡桃木属胡桃科木材中较优质的一种，主要产自北美、欧洲和东南亚。胡桃木边材呈乳白色，芯材从浅棕到深巧克力色，偶尔有紫色和较暗条纹，其颜色随着时间的流逝而变淡。胡桃木的树纹一般是直的，有时有波浪形或卷曲树纹，形成赏心悦目的装饰图案。胡桃木本身的结构比较细致，加工后有良好的手感。

特性

640kg/m^3
密度中等
坚硬、有弹性
颜色可变
蒸汽弯曲性好
易于加工及表面处理

来源

产于欧洲、北美洲、东南亚。

价格

价格相对较高。

可持续性

不可持续，可利用性有限。

材料介绍

胡桃木是密度中等的硬木，抗弯曲及抗压度中等，有良好的热压成型能力，易于用手工和机械工具加工，适于敲钉、螺钻和胶合。胡桃木具有均匀的表面纹路，且极富装饰性光洁度，有良好的尺寸稳定性，不易变形，是最优良的家具用材之一。同时，胡桃木可以持久保留油漆和染色，可打磨成特殊的最终效果。

胡桃木可以被很好地进行蒸汽弯曲加工，表面处理也极其丰富出色。从 14 世纪开始，胡桃木就被广泛用于制造家具，还可以用于制造枪托、枪柄和体育用品。黑胡桃非常昂贵，因此多用于高档家具、橱柜、工艺品和雕刻品等。做家具通常用木皮，极少用实木，所以大多数是胡桃木贴皮家具。

除了树干，胡桃的树根也是很好的木材。除了作为木材之外，胡桃树还有其他的副产品，例如丹宁酸，从胡桃树树叶中提取的一种物质，可以解毒；胡桃仁也因为可以榨油而闻名。

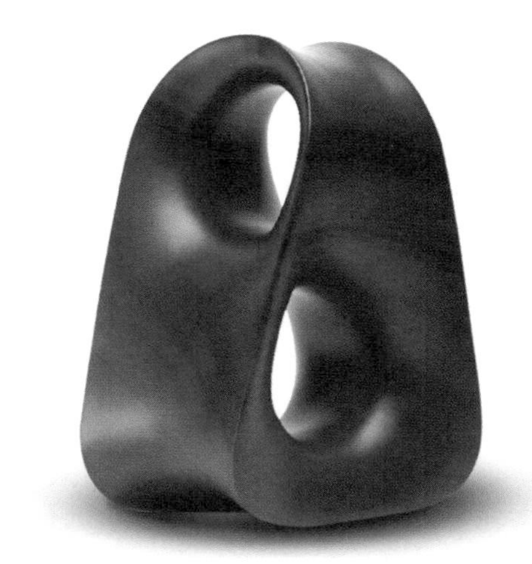

产品案例分析

木制键盘

By Orée

产品介绍

法国Orée设计工作室将传统手工艺与现代技术融合在一起，设计了这款木制键盘。该键盘拥有一切普通键盘的功能，比如无线蓝牙。材质上选择了坚硬的胡桃木，键盘上木纹均匀美观、手感舒适，环保理念极强，所有木材均来源于Orée所在的法国南部地区，具有当地的文化气息。

color

黑胡桃密度适中，适合钻、凿、磨、切等工艺。经过打磨后的胡桃木带有均匀的大条纹路(大山纹)，极具审美性。

深褐色作为一种华贵的象征，一直以来就是高档产品的标配。深褐色还是商务的象征，木材的自然感加上深褐色的纹理，使得这款木制键盘成为真正的高档产品。

material

像所有的木材一样，环境、时间以及切割方式都可以影响其美观及质量。胡桃木最主要的使用方式就是切片制成胶合板以供使用，因为其近乎完美的木纹都会朝向一个方向，所以由胡桃木胶合板制成的家具或者汽车内饰（比如捷豹）都透露出一丝古典华丽的气息。

finishing

键盘的制作需要经过铣削雕刻、抛光、上漆、组装等工序，每一道工序都由匠人纯手工完成。大自然对材质的馈赠与匠人的精湛工艺赋予了它独特的艺术气质。Orée最大程度地利用了每块木材，以减少材料的浪费。每一个木制键盘都来自不同的木块，因此都是独一无二的。

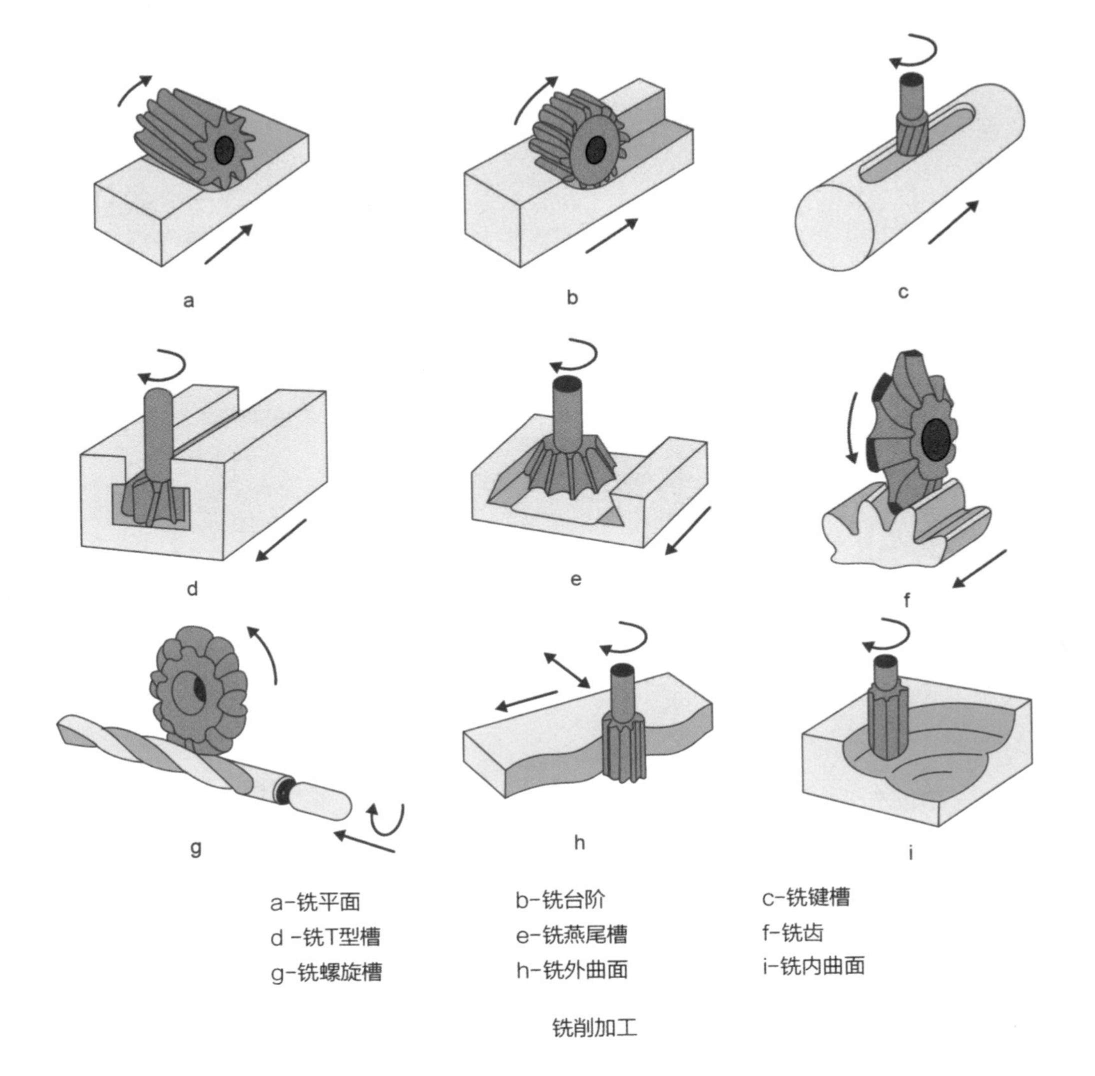

铣削加工

铣削是一种常见的木材加工方式，和车削的不同之处在于铣削加工中刀具在主轴驱动下高速旋转，而被加工工件处于相对静止。铣削是将毛坯固定，用高速旋转的铣刀在毛坯上走刀，切出设定的形状和特征。传统铣削较多地用于铣轮廓和槽等简单外形特征。数控铣床可以进行复杂外形的加工。在选择数控铣削加工工件时，可充分发挥数控铣床的优势。

> 工艺成本：加工费用较低。
>
> 典型产品：平面轮廓零件、变斜角类零件、空间曲面轮廓零件、孔等。
>
> 产量：单件或大批量都可以。
>
> 质量：机器加工精度较高。
>
> 速度：加工速度快，适合大批量生产。

Betula
桦木

关于桦木

桦木一般指桦木属中约 100 种乔木和灌木的通称。桦木树皮平滑、含树脂、呈白色或杂色、有横走的皮孔，通常打横剥落成薄片，老树干的树皮厚而具深沟，开裂成不规则的片段。幼树短而纤细的枝条上举，呈窄塔形树冠。桦木所制家具光滑，花纹清晰。桦木耐寒、速生，对病虫害有较强免疫力，用于重新造林、控制水土流失、防护覆盖或保育树木。桦木多要求湿润、肥沃的土壤，通过播种和嫁接繁殖，遍布于北半球寒冷地区。

特性

580~720kg/m^3
抛光性好
强度较高
木质细腻偏软
富有弹性
不耐腐
干燥后易开裂和翘曲

来源

主要分布于北温带，少数种类分布至北极区内。

价格

价格中档，和橡木及枫木价格相近。

可持续性

可持续，分布广，种类多，资源丰富。

材料介绍

桦木呈淡褐色至红褐色，具有闪亮的表面和光滑的肌理，年轮明显，木身较细，结构细密，力学强度大，富有弹性，吸湿性大，非常容易进行机械加工。桦木切面光滑，油漆和胶合性能好，是胶合板中知名的木材之一，而易于着色的属性使其可以成为其他木材的代替品，广泛应用于现代家具设计中。

桦木干燥易开裂翘曲，在易于腐朽的环境下不耐用，不太适合户外环境，因此多以夹板形式使用。桦木通常用于特种胶合板、地板、家具、纸浆、内部装饰材料、车船设备等。桦木常用于结构、镶花木细工和内部框架的制作，故宫珍藏的龙椅多是紫檀木制框架，内嵌桦木板心。

产品案例分析

Klik 系列椅子

By Iratzoki & Lizaso

产品介绍

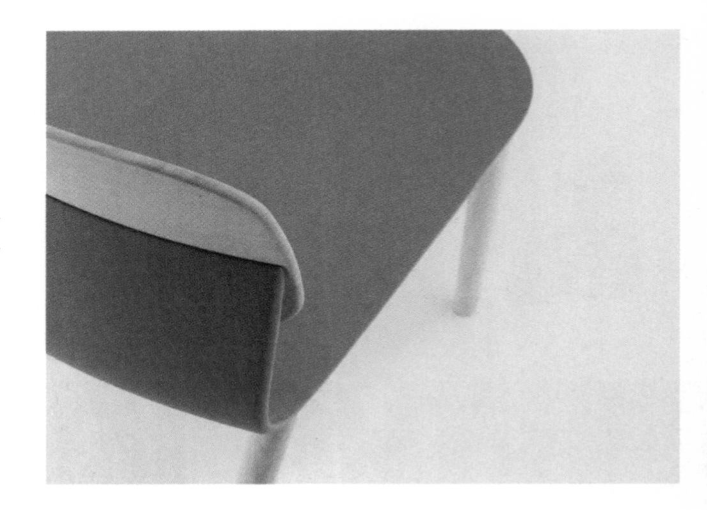

Klik 系列椅子是设计师 Iratzoki 和 Lizaso 为办公椅制造商 Sokoa 设计的。Klik 系列包括椅子、凳子、扶手椅和简单的多用途座椅，设计师希望产品可以用于所有的办公空间。

color

作为浅色木材，桦木细密且浅淡的木质非常适合染色，经过染色处理的桦木胶合板可为现代家居生活提供多种选择。

在颜色的选择上，低明度色彩是现代办公家具的首选，无论是红棕、黄棕还是深棕，都体现了办公场所的稳重与安静。同时，白色的搭配又能与深色形成很好的对比，可以很好地打破通体深色的沉闷之感。

material

桦木年轮略明显，纹理直，材质结构细腻又柔和光滑，质地适中。桦木是世界上最知名的胶合板原材料之一，除非常容易被切成薄片以外，它不错的密度、结实的结构，以及可以被轻易染色的浅棕色表面，都让它有足够的原因以制成胶合板的方式来满足各种需求。它浅淡的木纹可以让其通过表面处理变成各种其他木材的表面纹路，所以桦木在表面处理上几乎是万能的。

产品案例分析

finishing

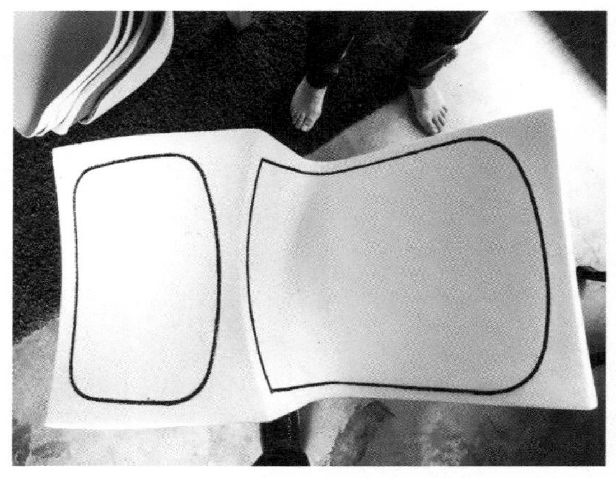

木材胶合是将木材与木材或木材与其他材料的表面胶接成为一体的技术，它是木制品部件榫接和钉接方法的发展。人造板的诞生就是以胶合技术为基础的。胶合还可以使短材接长，薄材增厚，劣材变优，从而提高木材的利用率和利用水平，因而在木材加工中有重要作用。

按胶合制品的用途和胶合剂的性能，胶合分为结构性胶合和非结构性胶合两类。用胶合强度高、耐老化、性能好的胶合剂进行的木材胶合，称为结构胶合，多用作建筑结构材料。此外是非结构胶合。

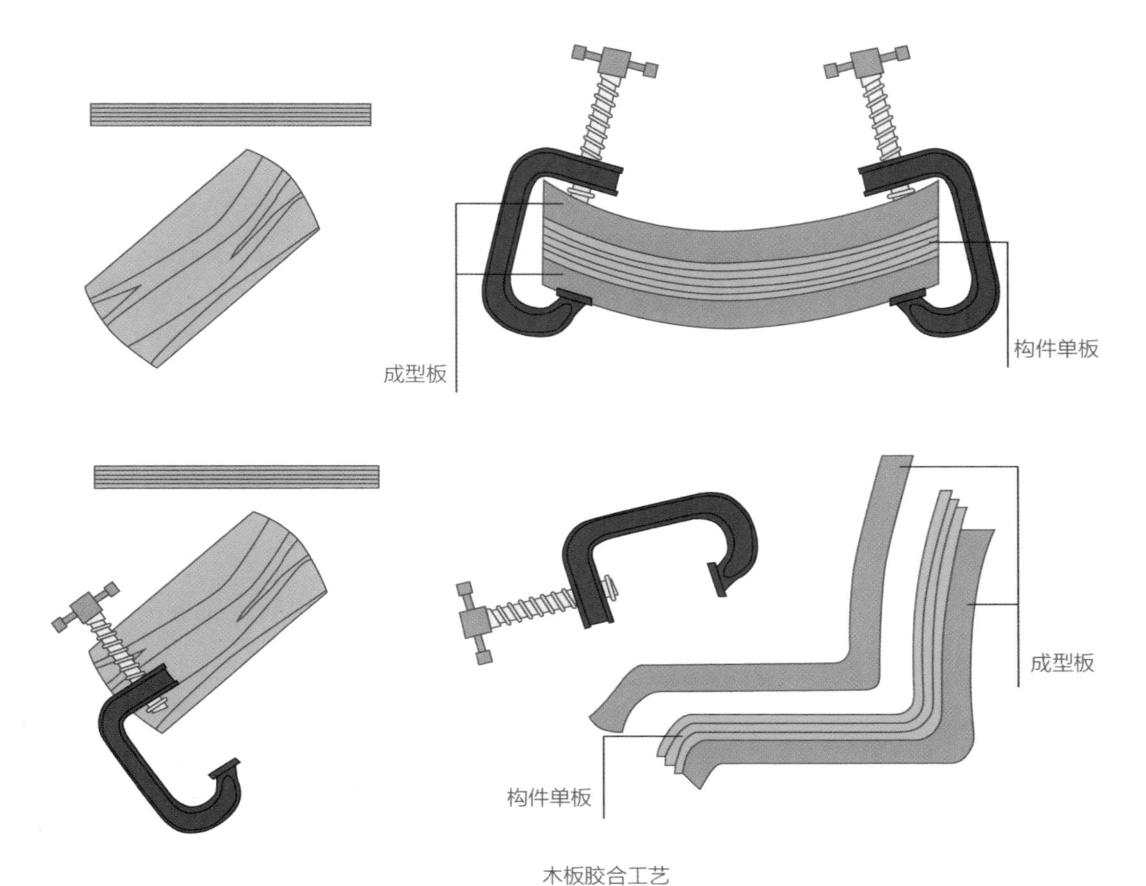

木板胶合工艺

加工过程如下。

步骤 1：对要胶合的木板干燥处理；

步骤 2：打磨平整需要胶合的面；

步骤 3：在胶合处均匀涂上胶合剂；

步骤 4：组坯固定并热压；

步骤 5：冷却坯件；

步骤 6：将边缘处截断，并打磨抛光；

步骤 7：检验成品，封装。

设计建议：

① 使用无溶剂的胶合剂，胶合后应错动几次，以利于排除空气、紧密接触、对准位置。

② 使用溶剂型胶合剂，胶合时要看准时机，过早或过晚都不好。

③ 初始黏结力大或固化速度极快的胶合剂，如氯丁胶合剂、聚氨酯胶、502 胶等，胶合时要一次对准，不可来回错动。

④ 胶合后应适当按压、锤压或滚压，以赶除空气，密实胶层。

Teak
柚木

关于柚木

柚木作为一种高档木材，天生具有一种细腻光滑的质感，是其他很多木材都比不上的。柚木有着罕见的物理、力学特性。柚木本身具有防腐性，木料能够分泌油脂，具有防蛀、防潮、防腐功能，柚木在各种环境下不易变形、腐蚀和开裂。柚木本身含有天然的柚质芳香，能够有效净化空气。

特性

$630\sim720kg/m^3$
硬度高但相对较脆
刚度小
耐候性良好
尺寸稳定性好
加工难度适中
耐腐蚀性好

来源

产于印度和东南亚，其中，缅甸的柚木占世界产量比重最大，印度尼西亚集约管理的森林也是柚木的主要来源。

价格

柚木价格比较昂贵，接近红木，经常被人们叫作“木材中的白金”。

可持续性

生长速度慢，生长到成材至少 50 年。

材料介绍

作为最坚固耐用的木材之一，柚木具有超级优异的耐久性，所以它非常适用于户外场合，特别是靠近海水（容易腐蚀一般木材）的地方，比如船舶甲板、船舶结构、码头、桥梁都可以使用柚木来制作。同时，柚木胜任于户外家具产品，虽然它放在户外较长时间后颜色会由暖棕色变成冷银灰色，但是不需要任何保养。此外，柚木还具备一定的抗化学腐蚀性，所以被常用来制作实验室里的椅子或者桌子。

高级的柚木家具表面油脂丰富，手感润滑感强，表面透出通过光合作用氧化而成的金黄色光泽，墨线细腻丰富，使用的时间越长，颜色越加美丽。在欧洲，柚木都是做最豪华的游艇，泰坦尼克号的甲板就是用柚木制成的。上百年历史的大教堂和古建筑亦都用柚木做地板。

产品案例分析

柚木曲面吊灯

By Hans-Agne Jakobsson

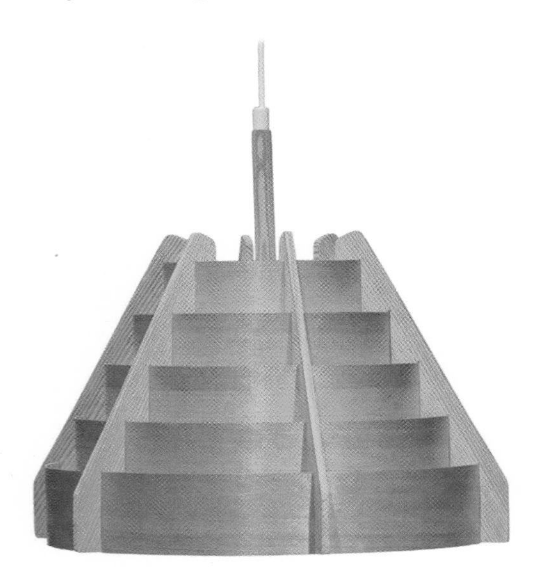

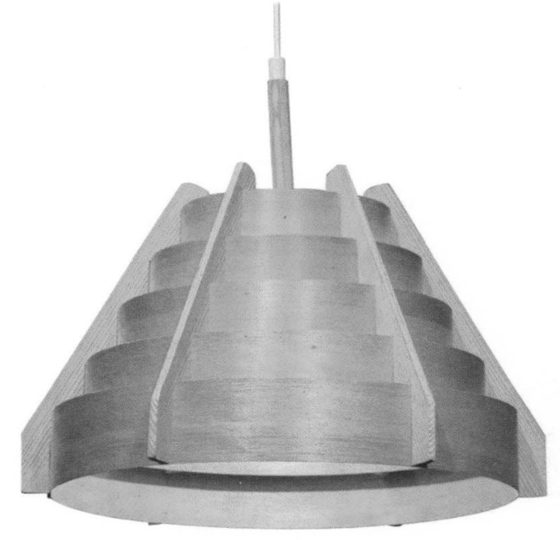

产品介绍

柚木曲面吊灯由 Hans-Agne Jakobsson 于 20 世纪 60 年代设计。这款吊灯由柚木制成，多层柚木薄片组合在一起，既柔和美好，又不令人感到压抑。吊灯的尺寸为高 40 厘米，宽 43 厘米，整体造型简单时尚，像公主颈部美丽的吊坠。光线可以透过木片溢出，以烘托环境的温和亲切。

color

在颜色的选择上，柚木的颜色正是吊灯设计的常用色，其作为明度较低的暖色，既可以烘托环境的气氛，又不会喧宾夺主。棕色木片与灯光搭配，既打破了同色相的尴尬，又具有一定的统一性，自然优雅，令人感到温暖放松。

material

得益于柚木本身光滑细腻的质感，许多产品选择将其作为表面装饰材料。吊灯的设计便发挥了柚木的天然优势，柚木被旋切成弯折性更强的薄片，层层叠叠的柚木片堆叠在一起，显得轻盈且透气，独具特色。温和的灯光透过底部与木片空隙射出，与褐色柚木融为一体，更显北欧灯具的温情与柔和。因为柚木自身的特点使得它虽然可以进行蒸汽曲木加工，但是并不能做到完全折弯，只能折到一定角度，该款吊灯的灯罩将柚木弯曲成圆环便充分利用了这一特性。

产品案例分析

finishing

旋切是将木段做定轴回转，同时刀刃平行于木段轴线做直线进给运动进行的切削过程。旋切是人造板生产流程中最主要的环节，其质量直接影响人造板的最终质量。木材旋切是制作木制薄片的常用手法，通过旋切机床的高速运转，原木材被切割成薄厚均等的木片。薄木片更有利于木材的干燥及弯曲，同时也是胶合板加工的重要工序。

旋切分为有卡旋切和无卡旋切，有卡旋切主要用于加工直径较大的木材，而无卡旋切则用于加工小直径原木。旋切机是生产单板的主要设备之一，旋切机按木段是否绕自身轴线旋转可分为同心旋切机和偏心旋切机两类。同心旋切机中又分为卡轴旋切机和无卡轴旋切机两种。偏心旋切可获得美观的径向花纹，但生产率比同心旋切低。

随着科技的进步，数字伺服控制技术也被运用到旋切机生产中，近几年出现了数控旋切机。数控旋切机的出现不仅提高了切割质量和精度，还大大提高了生产效率和整机的自动化程度。数控无卡旋切机是胶合板生产线或单板生产线上的重要设备，旋切直径小，主要用于将有卡旋切机旋切剩余的木芯进行二次利用，或将长度不等的木段、在一定直径范围内的木芯旋切成不同厚度的单板。

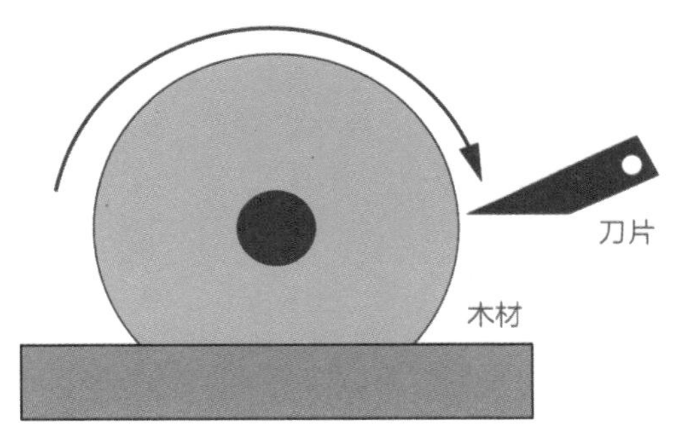

旋切工艺

旋切机一般体积大而且结构复杂，上机前需要原木定心，若定心不准，开始旋切时会旋出断续的单板带或窄单板。碎单板或窄单板越多，损失也越多，不利于生产的连续化。原木有弯曲、截面不规则和两端有大小头（尖削度）等情况时易造成旋出的单板为碎单板，浪费木材。当原木直径减小到一定程度时，就不能再继续旋切了（即剩余木芯造成木材浪费）。

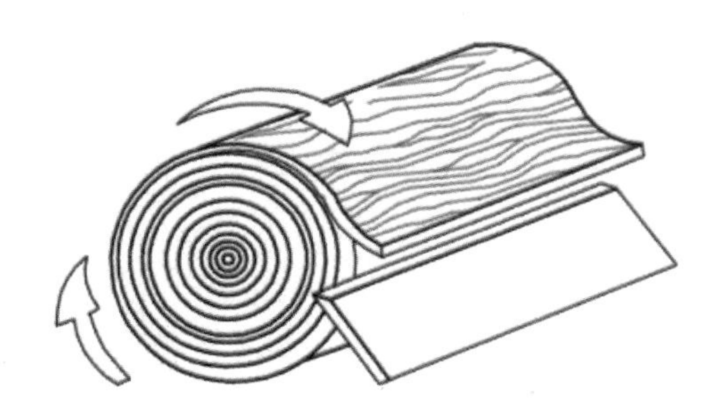

工艺成本：加工费用中等偏低。
典型产品：胶合板、薄木片等。
产量：大批量生产。
质量：成品表面精度高。
速度：加工速度较快。

Maple
枫木

关于枫木

枫木，属槭树科，槭树属，故亦称槭树，在全世界有150多个品种，分布极广，北美洲、欧洲、非洲北部、亚洲东部与中部均有出产。枫木按硬度分为两类，一类是硬枫，亦称白枫、黑槭，另一类是软枫，亦称红枫、银槭等。软枫的强度要比硬枫低25%左右，因此在使用面和价格上硬枫远优于软枫。枫木中最著名的品种是产自北美的糖槭和黑槭，俗称“加拿大枫木”。加拿大枫木硬度适中、木质致密、花纹美丽、光泽良好，且木纹中常现鸟眼状或虎背纹状花纹，是装潢用的高档木材。

特性

720kg/m^3
密度适中
强度高
木质细腻
纹理均匀
耐磨性高
蒸汽弯曲性好

来源

北美洲、欧洲、非洲北部、亚洲东部与中部均有出产。

价格

价格相对较低。

可持续性

分布极广，资源丰富。

材料介绍

枫木不仅是自然界中的景观，也是建筑装饰的良材。由于其颜色协调统一，常用于制作精细木家具、高档家具，在软木胶合镶板的夹层、木铲和造纸业中也有广泛的应用，其他用途包括：单板、木结构框架、灯具、抽屉侧板、室内施工、成套家具、桌子、箱柜、护壁板等。

从硬枫到更容易进行加工的软枫，或是几乎为透明瓷色的日本枫木，枫木种类丰富。除了软枫具有独特的波浪形纹理、颜色发红外，大多数的枫木由于本身乳白色的质感和细腻的纹理，具有很强的商业价值。从富有弹性的滑板，到坚硬的保龄球馆地板，枫木展现出了极强的张力、弹性以及硬度。

枫木出色的强度和抗磨性使得它成为出色的地板制作材料，尤其适用于壁球馆、保龄球馆、轮式溜冰场，同时也被用于鞋楦、纺织品生产辊、家具等。另外，枫糖浆是枫树的一种衍生物。

产品案例分析

枫木滑板

By ZERO

产品介绍

ZERO是著名的滑板品牌，前身是一家服饰公司，后转型成一家滑板公司。ZERO滑板一直展现着坚韧的形象，主张个性、自我和独特的风格，外观用色十分大胆前卫。滑板采用七层加拿大A级枫木制作，颜色夸张炫酷，滑板上常常绘制有风格怪诞的图案，反映出滑板队伍的风格。

color

作为滑板的重要品牌之一，ZERO 十分注重滑板的个性化、年轻化设计，滑板的表面被漆上夸张而又怪诞的图案，其大胆且鲜艳的配色符合运动者充满活力、乐于探索的特质。

material

滑板的主体部位采用了枫木材料，由于加拿大枫木韧性足且坚硬，其制作而成的滑板不容易断板。枫木呈灰褐至灰红色，年轮不明显，管孔多而小，分布均匀，上色性能优异，枫木质轻而较硬，木纹图案优美，因此，经过表面清漆处理而得到的原木色滑板也十分美观。枫木容易加工，切面欠光滑，干燥时易翘曲。所以在制作滑板时，一般将多层较薄的枫木片进行胶合得到胶合板，以提高滑板的弹性及韧性。

产品案例分析

finishing

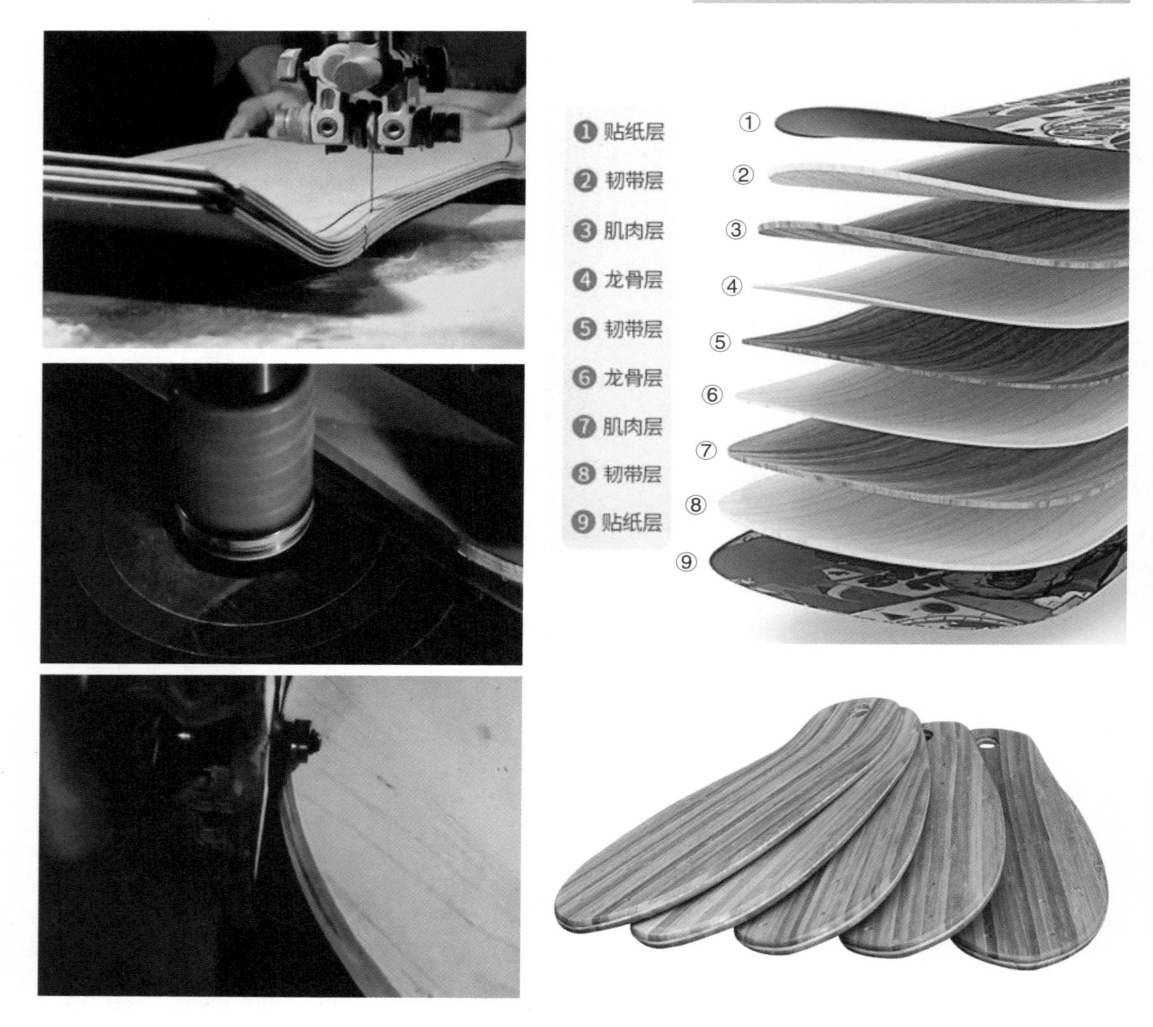

滑板板面通常有 7 层或者 8 层，选用加拿大枫木多层板压制而成。压制工艺分为冷压与热压，冷压即不用添加胶合物直接将木片进行压制，技术更为先进，性能更好。压制而成的板面具有高强度冲击韧性及良好的弹性，当运动员从一定高度跳上滑板时，保证踏板不受到损坏。

章节思考

由坎帕纳兄弟创建的"法维拉"椅子来自巴西，采用建造贫民窟的木材一块一块地手工黏合并钉牢，看起来像一个原始的宝座。废木的拼贴体现了坎帕纳兄弟的诗意、创造能力。椅子的视觉效果令人惊讶，废木的组合展现了抽象的象征主义风格。试从颜色、材料、工艺三个角度分析其优缺点，并设计一个新的 CMF 方案并阐述理由。

第四章 金 属

金属是一种具有光泽（即对可见光强烈反射），富有延展性，具有导电、导热等性质的物质。地球上的绝大多数金属元素是以化合态存在于自然界中的，只有极少数的金属如金、银等以游离态存在。金属在生活中应用极为普遍，是现代工业中非常重要和应用最多的一类物质。

Steel
钢

关于钢

钢，是对含碳量质量百分比介于 0.02% 至 2.11% 之间的铁碳合金的统称。在实际生产中，钢往往根据用途的不同含有不同的合金元素，如锰、镍、钒等。钢以其低廉的价格、可靠的性能成为世界上使用量最多的材料之一，是建筑业、制造业和人们日常生活中不可或缺的成分。可以说钢是现代社会的物质基础。

特性

坚韧
可回收
廉价
强度高
易锈蚀

来源

2016 年，全球钢铁产量超过 16 亿吨，而其中大部分钢铁产量的增长来自新兴的工业国家，如巴西、中国、印度、伊朗和墨西哥。

价格

0.5 美元 / 千克（普通钢）。

可持续性

与塑料相比，钢的成型需要更多的热能。钢用途广，可回收。

材料介绍

人类对钢的研究和应用历史相当悠久，但是直到贝氏炼钢法发明之前，钢的制取都是一项高成本、低效率的工作。

钢是经济建设中极为重要的金属材料，按化学成分分为碳素钢（简称碳钢）与合金钢两大类。碳钢是由生铁冶炼获得的合金，除铁、碳为其主要成分外，还含有少量的锰、硅、硫、磷等杂质。碳钢具有一定的力学性能，又有良好的工艺性能，且价格低廉。但随着现代工业与科学技术的迅速发展，碳钢的性能不能完全满足需要，于是人们研制出各种合金钢。合金钢是在碳钢基础上，有目的地加入某些元素（称为合金元素）而得到的多元合金。与碳钢比，合金钢的性能有显著的提高，故应用日益广泛。

钢结构工程具有质量轻、强度高、抗震性好、造价低、绿色环保等优点。因此，钢结构建筑具有比较好的应用前景，值得在实践中进行应用推广，以便促进建筑行业的不断发展。

产品案例分析

“小惊喜”系列灯具

By Chen Bikovski

产品介绍

以色列设计师 Chen Bikovski 受到童年立体故事书的启发，创造出一系列“小惊喜”灯具。此系列灯具用金属代替了纸张，用先进的激光切割代替了裁切，用金属折叠技术代替了折纸，最终搭配光线来展现那个“未知”。

此系列灯具简约却不简单。当灯未亮时，几乎无法辨认它是何方神圣；然而，当灯开启时，光线投射在墙上会形成丰富的图案，如鹿角、孔雀尾羽等，为整个房间染上一层神秘的氛围，产品趣味性十足。

color

此系列灯具采用极简的设计风格，在色彩的选择上也偏向于基本色。为了使整个设计不会过于单调，此设计在光线的运用上独树一帜。用光作画，以现代手法演绎传统的室内装饰。此系列灯具运用了两束光：一束是激光，用来绘制灯具造型；另一束是灯光，用来绘制投射图形。每次“作画”，都给人新的感觉，还带有几分怀旧、几分浪漫，激发了人们的情感和想象。

material

激光切割工艺改善了传统的裁切工艺，并给金属的运用带来新的可能性，比如，让灯饰加工更加符合当代生产标准化的需求。一方面，激光工艺赋予设计师创作灵感，丰富了灯饰造型，提升了产品附加值; 另一方面，激光工艺丰富了产品的加工手段，以自动化生产代替人工，打造了更加安全高效的生产作业模式。

产品案例分析

finishing

激光切割是热切割的方法之一，利用经聚焦的高功率激光束照射工件，使被照射的材料迅速熔化、气化、烧蚀或达到燃点，同时借助与光束同轴的高速气流吹除熔融物质，从而把工件割开。激光切割可分为激光气化切割、激光熔化切割、激光氧气切割和激光划片与控制断裂四类。

激光切割使用的激光器有二氧化碳气体激光器和 YAG 固体激光器，其中后者的波长更短，加工效率更高。

产品案例分析

适用范围：

① 激光切割对很多材料都通用，如金属、塑料、木材、纸板、合成大理石、织物、橡胶、玻璃、陶瓷。

② 适用激光切割的金属材料中，钢材比铝材和铜合金切割效果好，因为钢材对光和热能的反射性相对小。

③ 适用激光切割的塑料有 PP、PMMA、PC、PETG、PA、POM、PUR。

设计考虑因素：

① 因为激光切割属于 CNC 的一种，所以文件格式为 DXF 和 DWG 的数模可以直接导入使用。

② 激光切割特别适用于板材，厚度应在 0.2~40mm 之间，过厚的板材加工时间过长。

③激光器按功率分为低功率激光器和高功率激光器，低功率激光器适合切割塑料，高功率激光器适合切割金属。

④ 激光不仅适合切割，还适合在产品表面雕刻纹样或 LOGO，如皮革上的 LOGO。

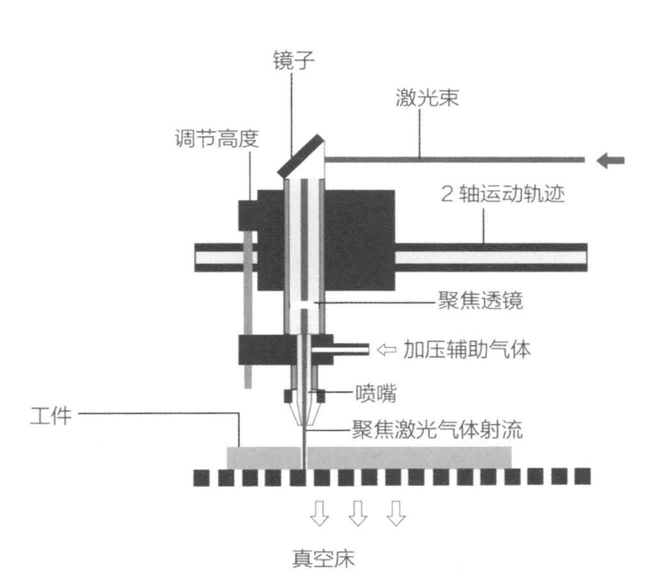

工艺成本：无模具费用，单件费用中、高。
典型产品：消费电子产品，家具和模具制作等。
产量：单件或大批量皆可。
质量：成型精度高，具体精度值和材料和设备有关。
速度：成型时间短，全程由机器完成。

Stainless Steel
不锈钢

关于不锈钢

不锈钢是不锈耐酸钢的简称，耐空气、蒸汽、水等弱腐蚀介质或具有不锈性的钢种称为不锈钢；而耐化学腐蚀介质（酸、碱、盐等化学侵蚀）的钢种称为耐酸钢。两者在化学成分上的差异使它们的耐蚀性不同，普通不锈钢一般不耐化学介质腐蚀，而耐酸钢则一般均具有不锈性。“不锈钢”一词不仅仅是单纯指一种不锈钢，而是表示一百多种工业不锈钢，每种不锈钢都在其特定的应用领域具有良好的性能。

特性

不锈
镜面
韧性佳
硬度高
耐高温
重量高
价格高

来源

2017 年，中国不锈钢产量为 2577.5 万吨，为主要的不锈钢生产国家，其他亚洲国家的不锈钢产量为 803 万吨，美国的不锈钢产量为 275.4 万吨，欧洲为 737.7 万吨。

价格

不锈钢板约 2.6 美元 / 千克（2019 年 7 月）。

可持续性

可回收。

材料介绍

不锈钢引发了许多行业革新，通常应用于存在腐蚀风险和高温的环境，如厨房设备、餐具、建筑、发动机零部件、紧固件和工业模具制作方面。

不锈钢光滑的表面不容易积垢、不容易造成腐蚀的特征使其在建筑行业广泛应用，不锈钢是电梯装饰板最常用的材料。不锈钢在建筑领域最瞩目的应用之一是位于曼哈顿的克莱斯勒大厦，大厦上著名的顶冠就是由不锈钢组成的，闪闪发亮。

卫生条件对许多行业（如食品加工、餐饮、酿造、化工等）是很重要的，在这些领域，设备或容器表面必须便于用化学清洗剂清洗，不锈钢能满足这样的要求。

不锈钢还有一个特性，就是可以去除皮肤上的异味。因此，用不锈钢制成鹅卵石状的金属香皂可用来清洁手部。

产品案例分析

阿莱西 9093 水壶

By Michael Graves

产品介绍

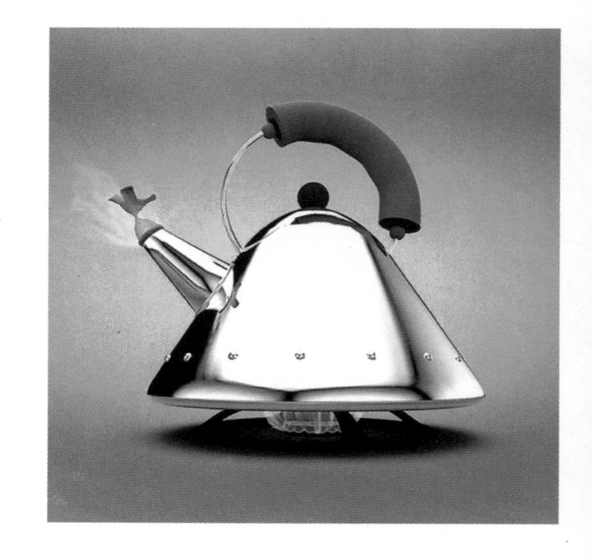

设计师迈克尔·格雷夫斯去乡下散心，某天早晨听到火车鸣笛，灵感始发，创作出鸟鸣水壶。

这款水壶最突出的特征是在壶嘴处有一个展翅欲飞的小鸟形象，当壶里的水烧开时，“小鸟”会发出口哨声，非常形象。

这款水壶被认为是一款经典的后现代主义作品。1985年鸟鸣水壶首次亮相,让所有人眼前一亮。除了完美的使用体验，它呈现出的是工业设计和大批量工业制造的完美结合。

color

在水壶的设计上，有一条蓝色的拱形设计，能够保护手不被金属把手烫伤；水壶的底部很宽，这样能够使水迅速烧开，上面的壶口也很宽，便于清洗。

壶身的不锈钢镜面效果搭配蓝色提手、红色“小鸟”和壶盖上的黑色圆点，让整个水壶具有强烈的现代主义特色和装饰主义风格。

material

和其他钢材相比，不锈钢的加工方法很多，它可以折弯、锻造、冲压和滚压。加工的灵活性使不锈钢材质适合大批量生产。本案例中的水壶壶身和壶盖由冲压成型工艺加工而成。

产品案例分析

finishing

金属压力加工又称塑性加工，是指在外力作用下金属坯料发生塑性变形，从而获得具有一定形状、尺寸及力学性能的毛坯或零件的加工方法。金属压力加工的优点是塑性变形后能压实坯料内部的缺陷（如裂纹、气孔等），使其组织致密；适用范围广；便于加工、损耗小；适于专业化大量生产。其缺点是不宜加工脆性材料或复杂制品。金属压力加工的常用方法有冲压、锻造、轧制、挤压、拔制。

其中，冲压成型是借助于常规或专用冲压设备的动力，使板料在模具里受力变形，从而获得一定形状、尺寸和性能的产品零件的生产技术。板料、模具和设备是冲压成型的三要素。冲压成型按温度分为热冲压和冷冲压。前者适合变形抗力高、塑性较差的板料加工；后者则在室温下进行，是薄板常用的冲压方法。冲压成型是金属塑性加工（或压力加工）的主要方法之一。

冲压成型所使用的模具称为冲压模具，简称冲模。冲模是将材料（金属或非金属）批量加工成所需冲件的专用工具。冲模在冲压中至关重要，没有符合要求的冲模，批量冲压生产就难以进行；没有先进的冲模，先进的冲压工艺就无法实现。冲压工艺与模具、冲压设备和冲压材料相互结合才能得出优质冲压件。

产品案例分析

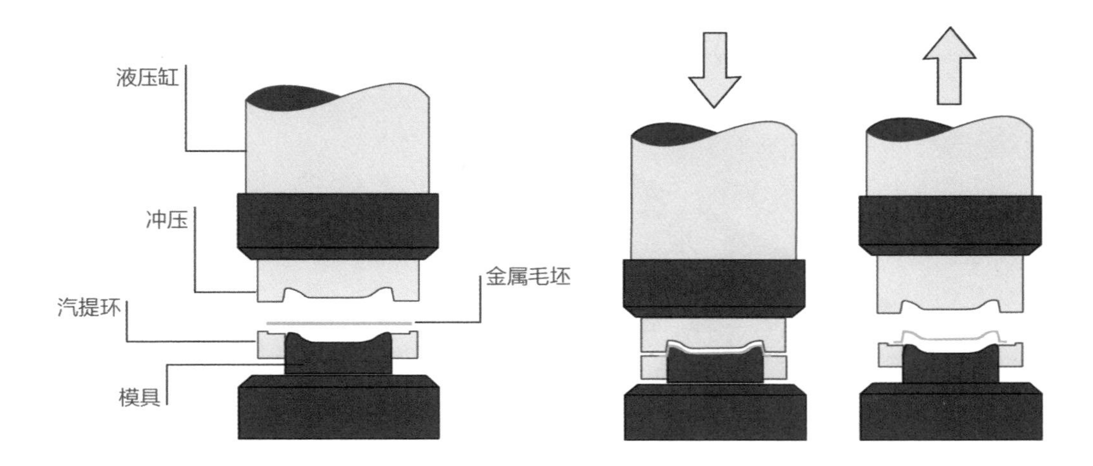

冲压成型工艺

① 将金属板材固定在模具台面上；

② 上方冲头垂直下落，使金属板材在模具内部受力成型；

③ 冲头上升，零件被取出等待下一步修边打磨。

工艺成本：模具费用高，单件费用中低。
典型产品：交通工具、家具、厨具、电子产品等。
产量：适合大批量生产，也可单件定制。
质量：成型表面精度高。
速度：单件成型快。

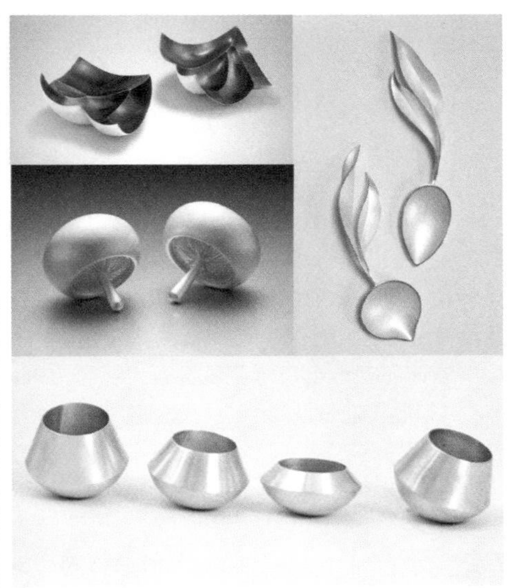

产品案例分析

陀螺椅

By Thomas Heatherwick

产品介绍

英国设计师托马斯·赫斯维克（Thomas Heatherwick）设计出了陀螺椅，一款形状酷似陀螺的旋转椅，由钢和铜制成，经过镜面抛光的表面在椅子转动时发出闪烁的光芒。人们可以享受左摇右晃甚至旋转360度的乐趣。

该产品通过全尺寸测试件开发，符合人体工程学，并有着个性十足的造型，直立时看起来像雕塑船，使陀螺椅极易抓取人们的目光。无论室内、室外，皆可自在玩味，带来截然不同的家居体验。

产品案例分析

color

material

通过反复的研究和实验，设计师和他的团队研发出了这种符合人体工程学的座椅，无论座椅如何旋转都能给使用者的背部和腰部提供舒适的支撑。

这款陀螺椅采用旋压成型的加工工艺，表面采用拉丝工艺。在金属压力加工中，在外力作用下使金属强行通过模具，金属横截面积被压缩，并获得所要求的横截面形状和尺寸的技术加工方法称为金属旋压成型工艺。使金属改变形状、尺寸的工具称为旋压模。

产品案例分析

finishing

旋压技术，也叫金属旋压成型技术，该技术通过旋转使受力点由点到线、由线到面，同时在某个方向给予一定的压力，使金属材料沿着这一方向变形或流动成某一形状。金属材料必须具有塑性变形或流动性能，旋压成型不等于塑性变形，它是集合了塑性变形和流动变形的复杂过程。

金属旋压成型适用于温性金属板材，例如不锈钢、黄铜、铜、铝、钛等。

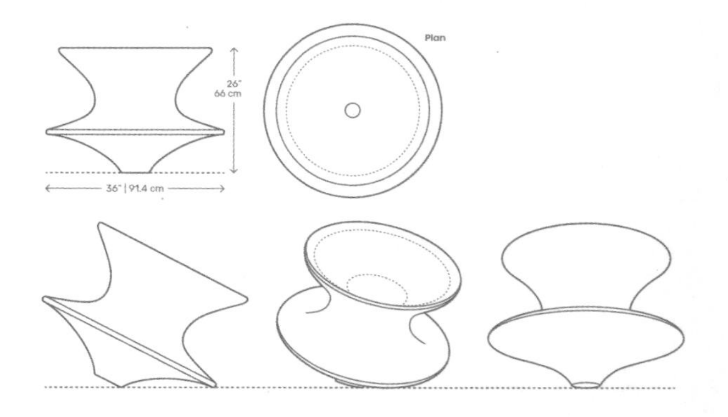

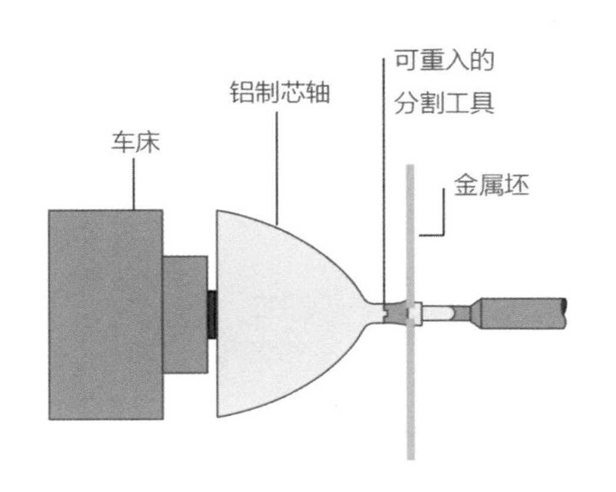

阶段1：装载

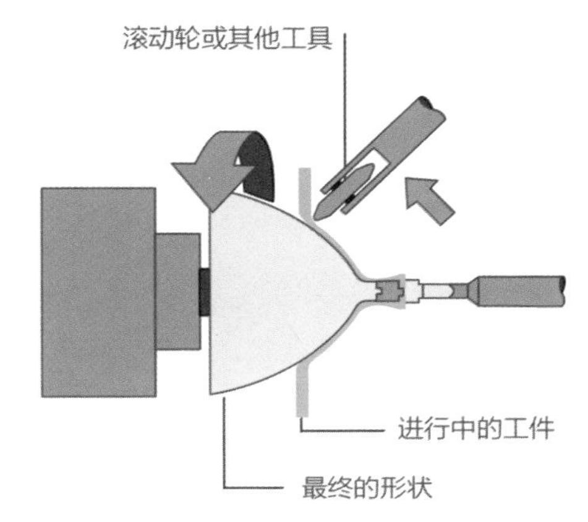

阶段2：旋压

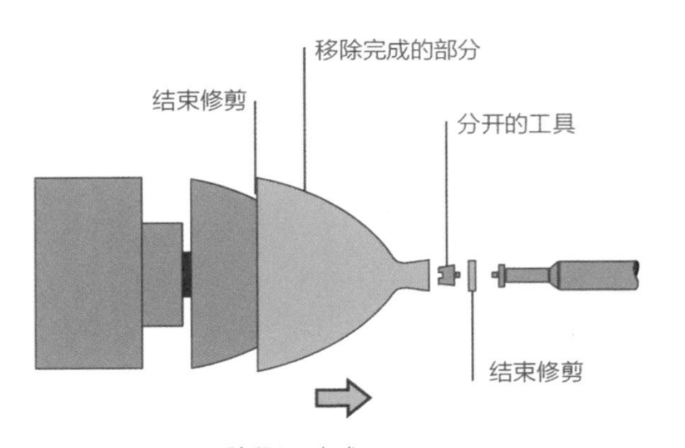

阶段3：完成

设计考虑因素：

①金属旋压成型只适用于制造旋转对称的零件，最理想的形体为半球形薄壳金属零件。

②通过金属旋压成型的零件，内部直径应控制在 2.5m 之内。

旋压成型工艺

步骤 1：将切割好的圆形金属板材固定在机器芯轴上；

步骤 2：芯轴带动圆形金属板材高速旋转，带有转轮的工具开始按压金属表面，直至金属板材完全贴合模具成型；

步骤 3：成型完成后，芯轴被取出，零件的顶部和底部被切除以便脱模。

工艺成本：模具费用低，单件费用中。

典型产品：家具、灯具、航天、交通工具、餐具、珠宝首饰等。

产量：小、中批量 。

质量：表面质量很大程度上取决于操作工的技艺和生产速度。

速度：中上等的生产速度，具体取决于零件尺寸、复杂程度和钣金厚度。

Aluminum
铝

关于铝

铝是银白色轻金属，有延展性，常被制成棒状、片状、箔状、粉状、带状和丝状。铝在潮湿空气中能形成一层防止金属腐蚀的氧化膜。铝粉在空气中加热能猛烈燃烧，并发出炫目的白色火焰，其易溶于稀硫酸、硝酸、盐酸、氢氧化钠和氢氧化钾溶液，难溶于水。铝的相对密度为 2.7g/cm^3。由于航空、建筑、汽车三大重要工业所需材料必须具有铝及其合金的独特性质，所以大大促进了铝的生产和应用。

特性

强度重量比高
成本低
加工方式多样
对光的反射性良好
延展性良好
抛光度高
可回收

来源

主要分布在热带和亚热带地区、非洲、西印度、南美和澳大利亚，在欧洲也有较多的储量。

价格

2 美元 / 千克（2019 年 7 月）。

可持续性

铝的加工需要消耗大量能源，和从矿石中提取相比，回收铝比原生铝可节能 95%以上，因此铝被大量回收。

材料介绍

铝是一种轻金属，其化合物在自然界中分布极广。地壳中铝的含量仅次于氧和硅，居于第三位。在金属品种中，仅次于钢铁，为第二大类金属。铝具有特殊的化学、物理特性，不仅密度小，质地坚，而且具有良好的延展性、导电性、导热性、耐热性和耐核辐射性，是国民经济发展的重要基础原材料。铝的塑性和延展性很好，便于各种冷、热压力加工，它既可以制成厚度仅为 0.006 毫米的铝箔，也可以制成极细的铝丝。通过添加其他元素还可以将铝制成合金使它硬化，强度甚至可以超过结构钢，但仍保持着质轻的优点。

近五十年来，铝已成为世界上最为广泛应用的金属之一，尤其是在建筑业、交通运输业和包装业，这三大行业的铝消费量一般占铝总消费量的 60% 左右。

在建筑业，由于铝在空气中的稳定性和阳极氧化处理后的极佳外观，铝被广泛应用于铝合金门窗、铝塑管、装饰板、铝板幕墙等方面。在交通运输业，为减轻交通工具自身的重量，减少废气排放对环境的污染，摩托车、汽车、火车、地铁、飞机、船只等交通运输工具大量采用铝及铝合金作为构件和装饰件。在包装业，各类软包装用铝箔、全铝易拉罐、瓶盖及易拉盖、药用包装等领域的用铝范围也在扩大。

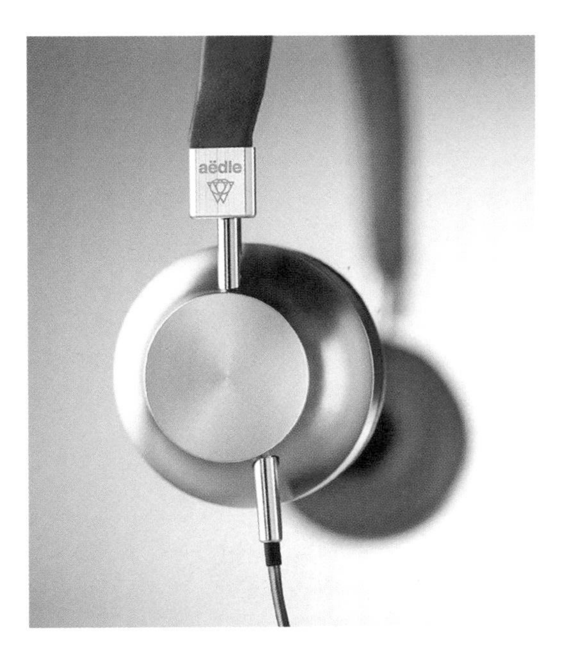

产品案例分析

徕卡 T 相机

By Leica

产品介绍

徕卡 T 相机机身采用全铝材质，机身外壳由一整块铝材切削而成，这与苹果 MacBook 笔记本有异曲同工之妙。由于采用了一体式铝制机身，徕卡 T 相机机身顶部不存在安装接缝，形成完美的一体造型。

color

机身采用铝块一体化成型，色彩纯净，体现了产品的高科技感。红色的 logo 设计增强了机身的复古感。徕卡 T 相机的机身除黑色和银色外，还备有多色保护壳。

material

徕卡 T 相机的外观设计秉承极简主义理念，机身正面框架由一整块铝合金切削而成，表面经过手工打磨，机身的手感也非常不错。

产品案例分析

finishing

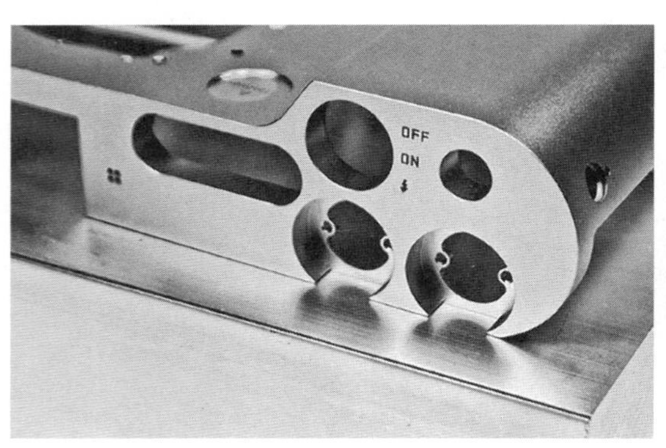

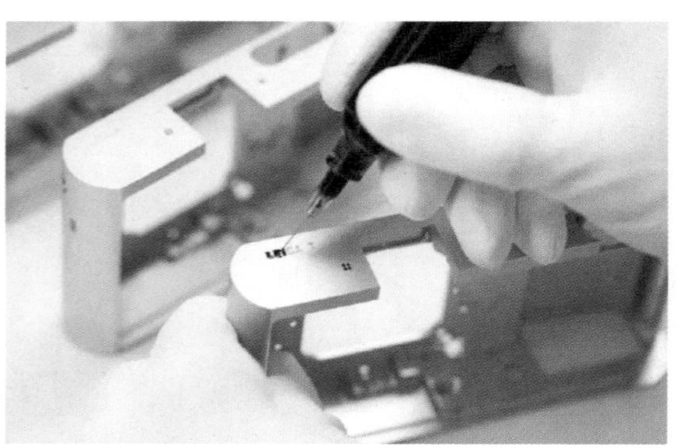

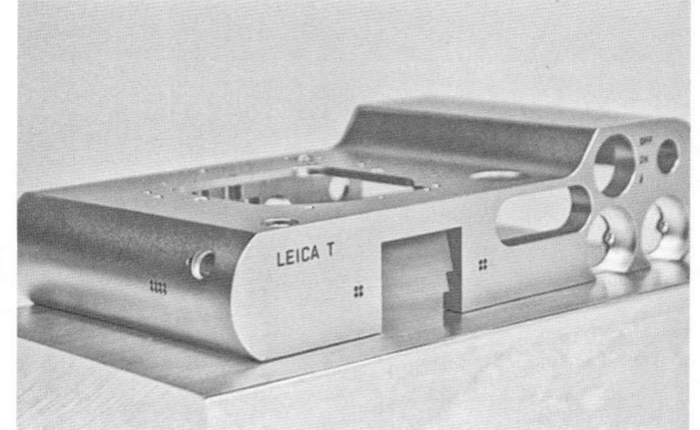

说到金属外壳加工就要提到 Unibody。Unibody 是一种把铝合金挤压成板材，然后通过数控机床一体成型的机械加工技术。最早可追溯到 2008 年苹果发布的轻薄 MacBook Air 笔记本电脑，采用的就是铝冲压一体成型技术。Unibody 技术的优点是一体成型、工艺流程短、坚固、整洁、整机零部件少，不需要模具，只需对数控机床进行编程，加工精度高，可以制造复杂的形状。其缺点是对机床精度要求高，初期设备投入大。

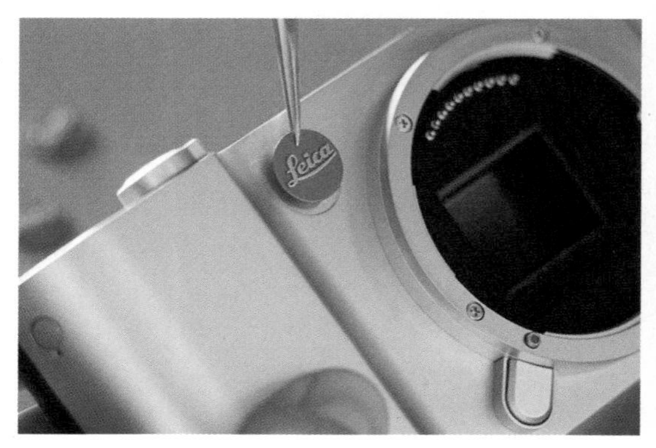

产品案例分析

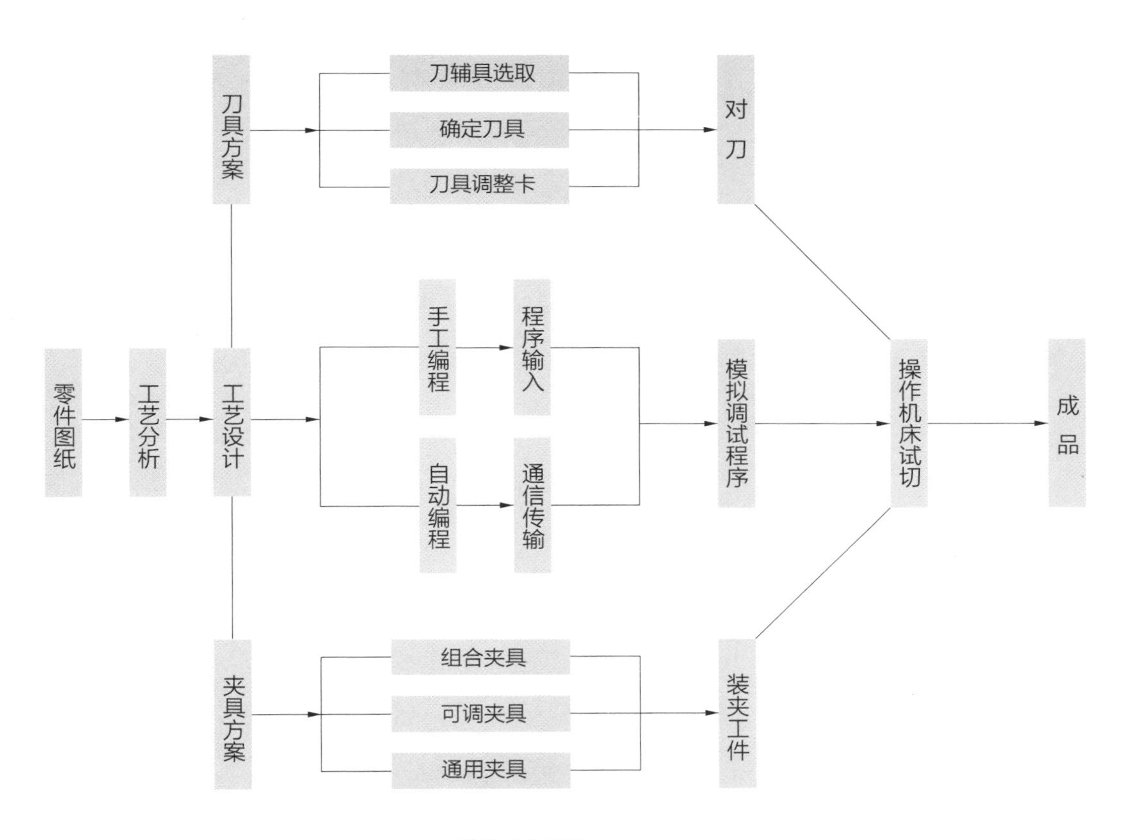

数控工艺流程

数控技术是用数字信息对机械运动和工作过程进行控制的柔性制造自动化技术，综合了计算机、微电子、自动化、现代机械制造等多种技术，是现代工业化生产中一门发展十分迅速的高新技术。采用数控机床加工零件时，只需要将被加工工件的几何形态、工艺参数、加工步骤等信息数字化，用规定的代码格式编写加工程序，然后用相应的输入装置将所编的程序指令输入到机床控制系统中，再由其将程序进行译码、运算后，向机床各坐标的伺服系统和辅助控制装置发出信号，以驱动机床运动部件，并控制所需要的辅助动作，最后加工出合格的产品。

工艺成本：模具费用低，单件费用低。

典型产品: 交通工具、家具、专业工具等。

产量：单件或大批量皆可。

质量：表面质量高，由研磨和抛光工序决定。

速度：单件成型速度快，具体由成品尺寸和所设置的 CNC 操作步数决定。

Aluminum alloy
铝合金

关于铝合金

铝合金是以铝为基的合金总称，主要合金元素有铜、硅、镁、锌、锰，次要合金元素有镍、铁、钛、铬、锂等。铝合金有两种主要的分类，即铸造合金和锻造合金，它们都进一步细分为可热处理和不可热处理的类别。

铝合金是工业领域应用最广泛的一类有色金属结构材料，在航空、航天、汽车、机械制造、船舶及化学工业中已大量应用。铝合金主要应用在以下三个方面：一是作为受力构件；二是作为门、窗、管、盖、壳等材料；三是作为装饰和绝热材料。

特性

密度小
强度高
塑性好
良好的导电性和导热性
高温时的还原性极强
延展性较好
抗腐蚀性优异

来源

生活中常使用的铝合金中的铝来自电解熔融氧化铝。

价格

2.1 美元 / 千克（2019 年 7 月）。

可持续性

可回收。

材料介绍

一些铝合金可以采用热处理获得良好的力学性能、物理性能和抗腐蚀性能。硬铝合金属 Al-Cu-Mg 系，一般含有少量的 Mn，可热处理强化，其特点是硬度大，但塑性较差。超硬铝合金属 Al-Cu-Mg-Zn 系，可热处理强化，是室温下强度最高的铝合金，但耐腐蚀性差，高温软化快。锻铝合金主要是 Al-Zn-Mg-Si 系合金，虽然加入元素种类多，但是含量少，因而具有优良的热塑性，适宜锻造，故又称锻造铝合金。

铝合金是最为常见的有色金属制品，近五十年来，铝已成为世界上最为广泛应用的金属之一。

铝合金广泛用于需要轻质或耐腐蚀性的工程结构和部件中。铝合金在消费电子产品中主要以外壳、框架、散热器和铝管形式体现。

铝合金在汽车行业也有着非常广泛的应用，动力与传动系统、车身与内外饰系统、热交换系统、车轮等均有零部件采用铝合金材料。

除上所述，在建筑业，由于铝在空气中的稳定性和阳极处理后的极佳外观而受到广泛应用；在航空及国防军工部门也大量使用铝合金材料；在电力输送中则常用高强度钢线补强的铝缆；集装箱运输、日常用品、家用电器、机械设备等都需要大量的铝。

产品案例分析

BBS 轮毂

By BBS

产品介绍

BBS 公司创立于 1970 年，公司最开始生产汽车零部件，并以两位创始人与地名的首字母作为公司的名称，BBS 由此而来。

目前，BBS 品牌由德国 BBS 和日本 BBS 共同持有，二者是两家独立的公司。经协商，以商标颜色区分产地：日本采用金色 LOGO，德国采用银色 LOGO。除此之外，还有白色、红色、黑色这几种共用颜色 LOGO。BBS 在技术领域不断开发创新，在 20 世纪 70 年代后期，BBS 便开始生产轻量化的铝合金轮毂，标志着汽车轮毂材质由铁、钢转变为铝合金时代的开启。

color

material

铝合金轮毂相比钢制轮毂有诸多优势，比如，铝合金轮毂的散热性更好。铝合金的导热系数大约是钢的三倍。汽车在行驶过程中，轮胎与地面以及制动盘与制动片的摩擦会产生很高的热量，这种情况会导致轮胎和制动片老化以及加速磨损，制动性能会因高温而急剧衰减，轮胎内气压也会升高，存在爆胎隐患。铝合金轮毂相比钢制轮毂能够更快地将这些热量传导到空气中，增加了安全系数。另外，铝合金轮毂的比重小于钢制轮毂，平均每个比同尺寸钢制轮毂轻两千克左右，除去备用车轮总共可减重八千克；更轻的轮毂还可减小起步和加速时的阻力，使车辆更加省油。

产品案例分析

finishing

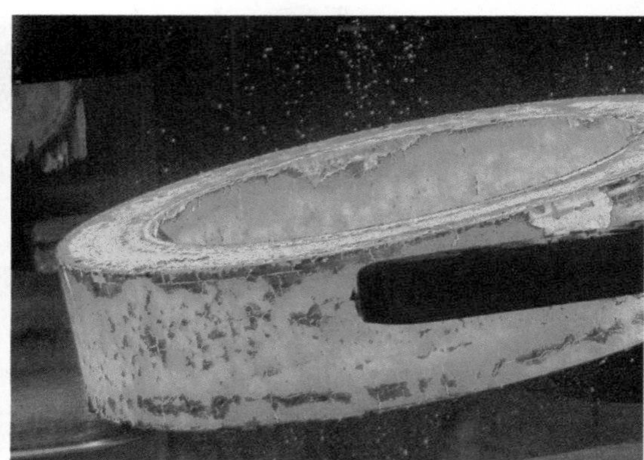

BBS 公司专注于轮毂的锻造技术。

锻造轮毂的工艺方法是利用高压（大部分是几千吨的压力）将一块已经加温的合金压成轮毂的粗坯（雏形），再用 CNC 细部雕刻二次加工。由于承受过高压撞击，合金之间的分子会更小、间隙会更细、密度会更高、材质分子之间相互作用力会更强，所以轮毂只需较少的原料就能达到足够的刚性，让整体质量更小。由于锻造时金属处于固态，所以锻造轮毂的形状大多是简单的粗线条状，造型无法像液态铸造那般变化丰富。

锻造能消除金属在冶炼过程中产生的铸态疏松等缺陷，优化微观组织结构，同时由于保存了完整的金属流线，锻件的力学性能一般优于同样材料的铸件。因此相关机械中负载高、工作条件严峻的重要零件，除形状较简单的可用轧制的板材、型材或焊接件外，多采用锻件。

产品案例分析

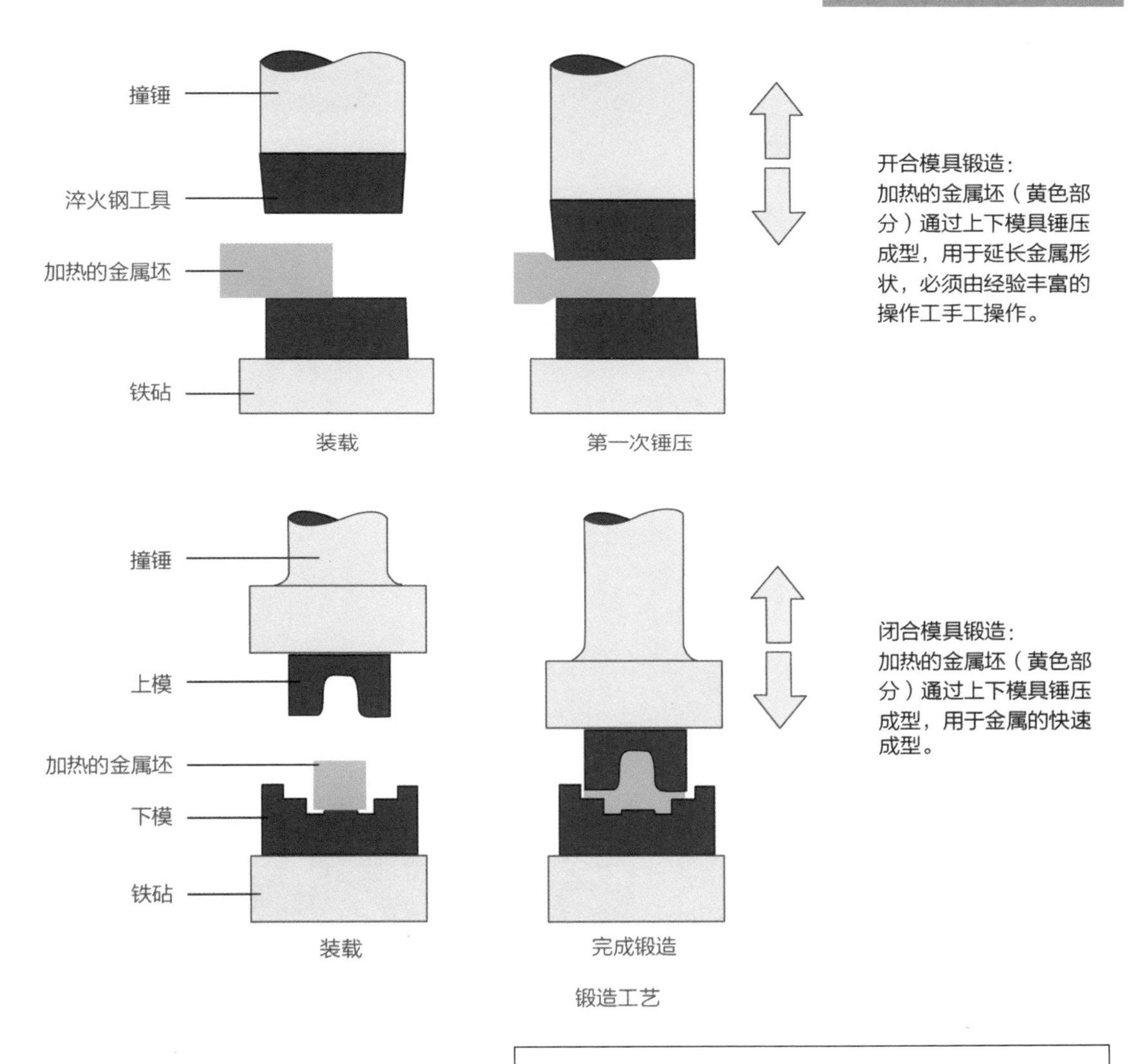

锻造工艺

设计考虑因素：

① 锻造工件的壁厚应控制在 5~250mm；

② 锻造工件的参考质量在 0.25~60kg 之间；

③ 零件误差：小型零件的误差为 1mm，大型零件的误差为 5mm。

工艺成本：模具费用中、高，单件费用适中。

典型产品：手持工具、盔甲、交通工具、航空航天、重载机器等。

产量：单件和小批量生产。

质量：工件强度高。

速度：单件时间一般取决于尺寸、形状和材料的选择。

Cuprum
铜

关于铜

纯铜是柔软的金属，表面刚切开时为红橙色并带金属光泽，单质呈紫红色。铜最大的特征就是其独特的、带有复古色彩的赤褐色表面。铜具有延展性好、导热性和导电性高等特点，在电缆和电气、电子元件中是最常用的材料，也可用作建筑材料，可以组成多种合金。铜合金机械性能优异，电阻率低，其中最重要的数青铜和黄铜。此外，铜也是耐用的金属，可以多次回收而无损其机械性能。

特性

抗腐蚀性良好
坚韧
导电和导热性能优异
易与其他金属形成合金
可获得良好的表面光洁度
可回收

来源

尽管铜在自然界随处可见，但其最主要的来源是矿石，有赤铜矿、孔雀石、蓝铜矿、黄铜矿、斑铜矿。世界上的原生铜大约有 90% 来源于铜硫化矿，其主要来源国是智利和中国。

价格

6.8 美元 / 千克（2019 年 7 月）。

可持续性

铜之所以应用广泛，主要是因为它易于开采和提炼。自然界中铜矿分布很广，主要是因为铜很容易附着在有机物和矿物质上。

材料介绍

铜是一种存在于地壳和海洋中的金属，铜在地壳中的含量约为 0.01%，在个别铜矿中，铜的含量可以达到 3%~5%。自然界中的铜，多数以化合物即铜矿物存在，铜矿物与其他矿物聚合成铜矿石。开采出来的铜矿石经过选矿而成为含铜量较高的铜精矿。铜是唯一能大量天然产出的金属，也存在于各种矿石（例如黄铜矿、辉铜矿、斑铜矿、赤铜矿和孔雀石）中，能以单质金属状态及黄铜、青铜和其他合金的形态被应用。

铜不难从矿石中提取，提取这种金属的方法之一是烘烤硫化矿石，然后用水分离出其形成的硫酸铜。硫酸铜流淌过铁屑表面，铜就会沉淀，形成的薄层铜很容易分离。

铜之所以可以长时间地被人类所使用，主要源于它是一种纯粹的原料，可以和其他金属混合来使其变成不同的铜合金，以实现不同的特性来使用在生活的不同方面。比如古人用它和锡混合制成青铜，青铜可以制成器皿、钱币、武器等。铜的使用对早期人类文明的进步影响深远。铜和锌混合可以制成黄铜，因黄铜可发出独特的声音，是乐器制造的优异材料。除此之外，铜还可以和铝、镍、铍等混合来形成不同性质的铜合金。铜合金目前为止大约有 400 种，几乎可以形成一个自己的材料家族。

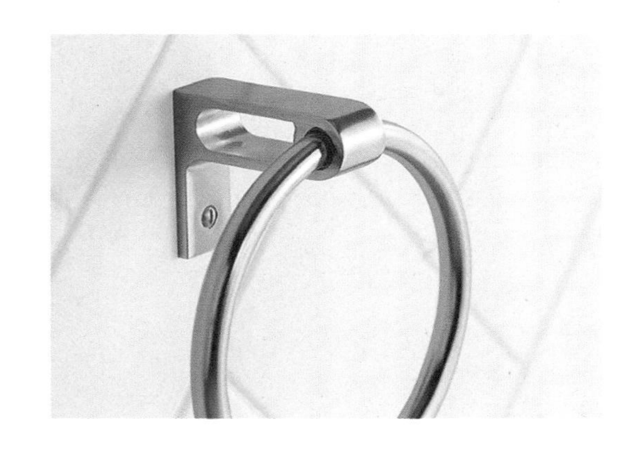

产品案例分析

DXV 系列水龙头

By American Standard

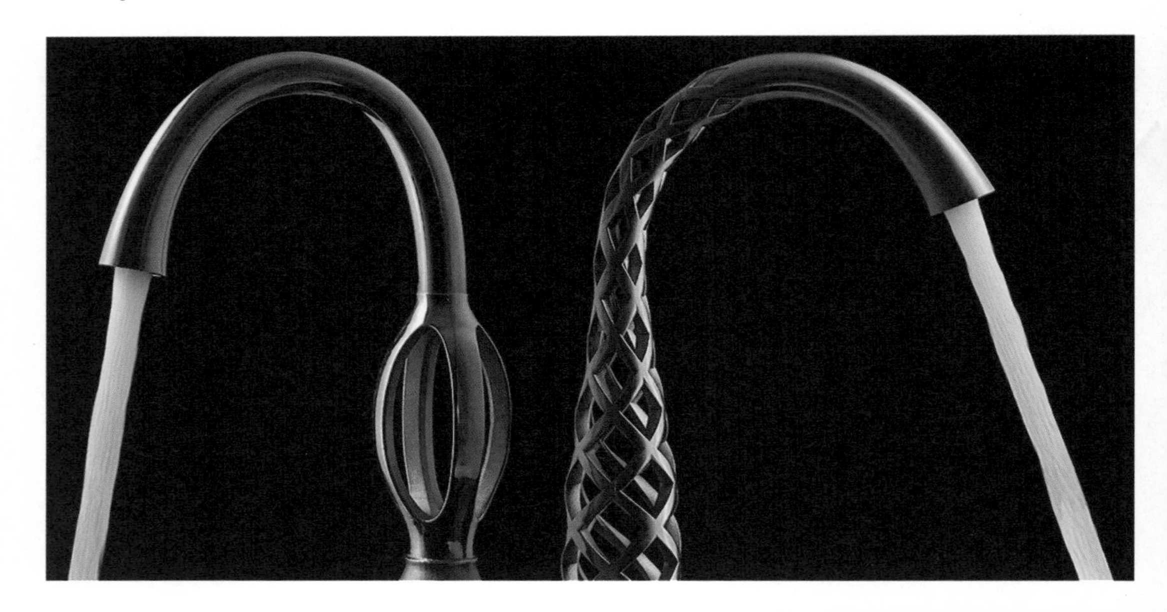

产品介绍

这款水龙头采用激光烧结这种 3D 打印技术打造而成。在这一工艺过程中，由电脑控制的激光束将金属粉末烧结成特定的、具有抗高热、抗高压功能的形状。随之，金属粉末就变成了一个个内嵌有独特水道的固体金属模块。

3D 打印作为增材制造方式，可以一次性生成任意形状。通过激光烧结金属粉末叠加成型的水龙头，将细小的水道隐藏在高强度的合金之下，不可思议地使水流淌出魔术般的效果，将日用品变成了艺术品。

产品案例分析

color

铜是一种神奇的材质，色彩为金黄到紫红暖色系，肌理细腻柔和，给人温暖亲和的感觉。作为一种金属材料，铜的亲和力极佳。铜分为纯铜和合金铜，在产品设计中应对不同的需求，可以选择不同的类型。常用铜材有纯铜（紫铜）、黄铜、青铜、磷铜和白铜。

material

铜制作的水龙头具有良好的耐蚀性，铜水管具有美观耐用、安装方便、安全防火、卫生保健等诸多优点，它比镀锌钢管和塑料管的性价比更高。

如今，铜的加工技术非常成熟，加工成本方面也达到可控制的地步，铜还能回收利用。采用激光烧结工艺可以塑造出复杂的不规则形态，使铜水龙头的造型多变，还可私人定制。

产品案例分析

finishing

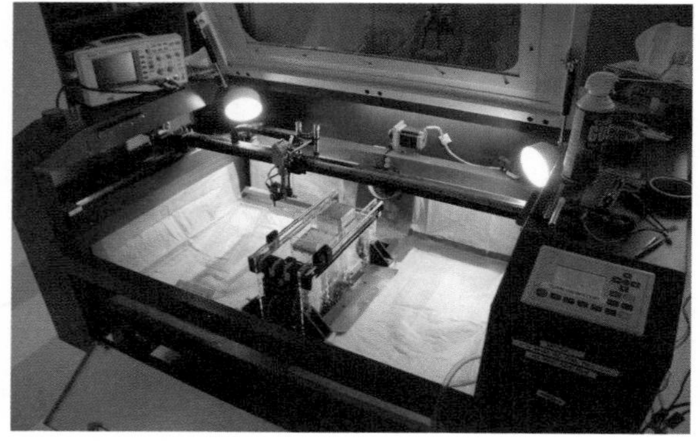

选择性激光烧结是快速成型技术之一，是以激光为热源对粉末压坯进行烧结的技术，可完成常规烧结炉不易完成的烧结。由于激光光束集中且穿透能力小，激光烧结适用于小面积、薄片制品，并适用于将不同于基体成分的粉末或薄片压坯烧结在一起。

激光烧结机器通过把切片一层一层累积起来，从而得到所要求的物件。在每一层，激光能量被用于将粉末熔化。借助于扫描装置，激光能量被“打印”到粉末层上，这样就产生了一个固化的层，该层随后成为完工物件的一部分。下一层积累在前一层上面继续被加工，直到整个加工过程完成。

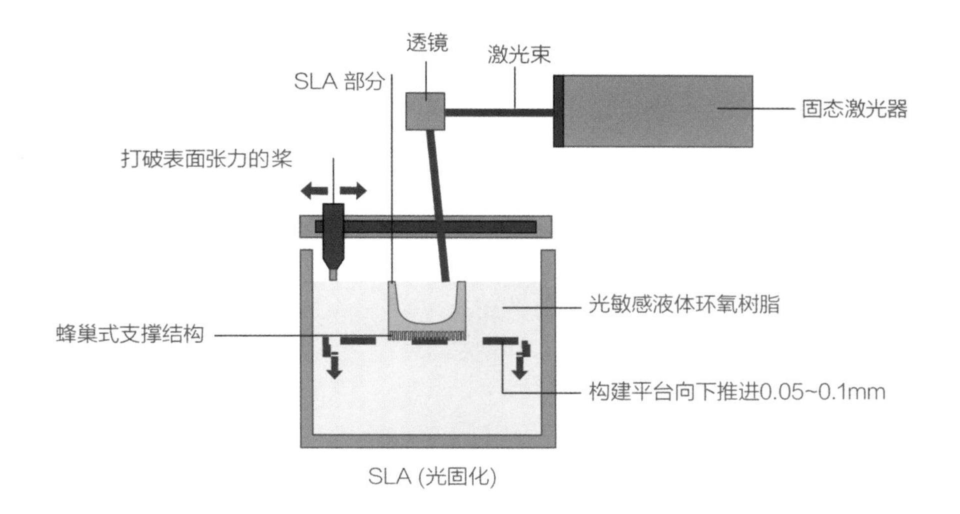

SLA (光固化)

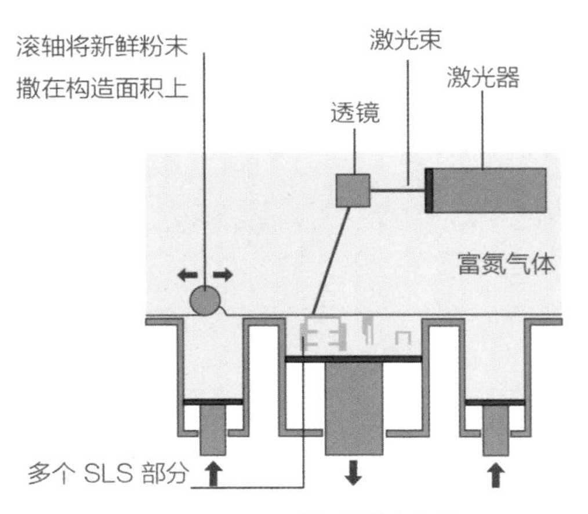

SLS(选择性激光烧结)

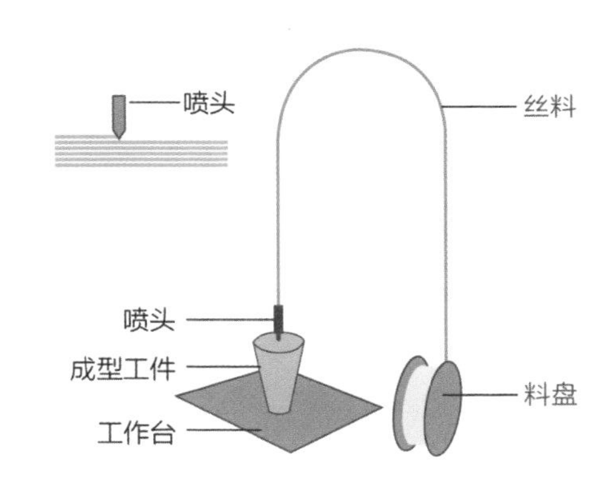

FDM(熔融沉积成型)

快速成型工艺主要分三种：SLA（光固化立体造型术）、SLS（选择性激光烧结术）、FDM（熔融沉积成型技术）。

快速成型工艺不需要模具，数模数据直接从CAD文件导出，并通过层层叠加的方式快速成型，常用于产品样板模型制造和合金模具制造，不仅节省了开发的时间和成本，也为设计师开发新产品打开了无限可能。

工艺成本：无模具费用，单件费用较高。

典型产品：航空航天、交通工具、产品测试和模具制造等。

产量：单件或小批量皆可。

质量：成型精度较高。

速度：成型时间较长。

Brass
Bronze
黄铜 青铜

关于黄铜 青铜

青铜与黄铜都是基于铜合成的合金。青铜是由铜和锡或铅组成的合金；黄铜是由铜和锌组成的合金。由铜和锌组成的黄铜叫作普通黄铜，如果加入了两种以上元素得到的合金称为特殊黄铜。青铜具有熔点低、硬度大、可塑性强、耐磨、耐腐蚀、色泽光亮等特点；黄铜有较强的耐磨性能。青铜适用于铸造各种器具、机械零件、轴承、齿轮等；黄铜常被用于制造阀门、水管、空调内外机连接管和散热器、装饰材料等。

特性

耐腐蚀性优异
强度和延展性好
加工方法多样
导电性优异
机加工性好

来源

黄铜和青铜的主要成分是铜，智利是铜的主要来源国之一。

价格

6.8 美元 / 千克（2019 年 7 月）。

可持续性

黄铜通常是由回收的废品制成的，英国的铜管制造商使用的几乎全部是黄铜废料。作为黄铜的主要成分，铜产量一年大约 16 万吨，可开发的储量约 6.9 亿吨。

材料介绍

在纯铜中加入某些合金元素（如锌、锡、铝、铍、锰、硅、镍、磷等），就形成了铜合金。铜合金具有较好的导电性、导热性和耐腐蚀性，同时具有较高的强度。

青铜因色青而得名，黄铜也因色黄而得名，所以从颜色上基本能够大致区别，要严格区分还要进行金相分析。铜合金的应用范围很广，包括电源插头、灯泡配件、精密医疗仪器、电缆防水接头、轴承齿轮、家用管道配件，以及飞机、火车和汽车的零部件。

青铜用于雕塑、乐器和奖章的制造，以及工业应用，如衬套和轴承。青铜也应用于航海，因为它具有很强的耐腐蚀性。

黄铜的颜色可以从红色到黄色，这取决于合金中锌的含量。锌含量的增加为材料提供了更强的强度和延展性。黄铜通常用于装饰，主要是因为它与黄金颜色相似。由于黄铜具备较高的可加工性和耐用性，故其也是制作乐器的常用材料。

在第二次世界大战时期，所有的子弹都是用黄铜制成的。因为黄铜质地比较好，而且不会对枪管有更多的摩擦破坏，所以一直很受欢迎，并且沿用至今。

产品案例分析

弧（ARC）系列桌面用具

By Tom Dixon

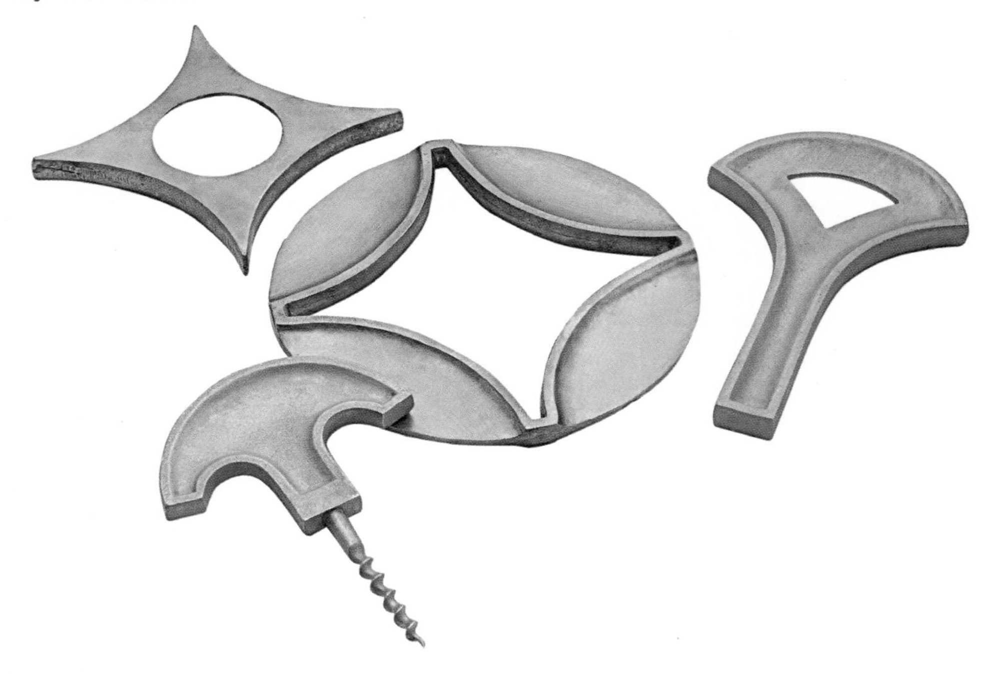

产品介绍

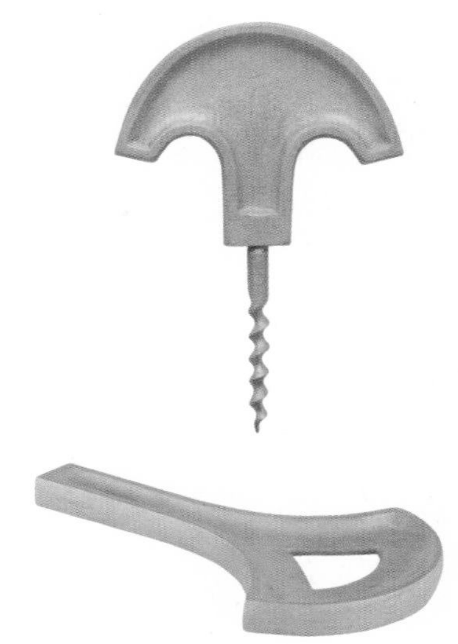

由 Tom Dixon 设计的 Arc 系列产品是一组具有表现力的实心黄铜桌面用具，其灵感来自科幻小说，作品简洁而实用。本系列产品包括一个垫热菜盘等用的金属架，一个开瓶器和一个软木螺钉，通过砂型铸造工艺制成，每件都是独一无二的。

color

黄铜色有着与生俱来的高级感，明亮而富有光泽，兼容了复古与时尚，洋溢着浓浓的时尚气息。在家居空间设计上，也能增添几分温暖质感，提亮整体色调。

在色彩上，这一系列产品保留了黄铜的原始色彩，这种略带原始金属质感的颜色与其独特形状的结合，是这套产品最吸引人的地方之一。

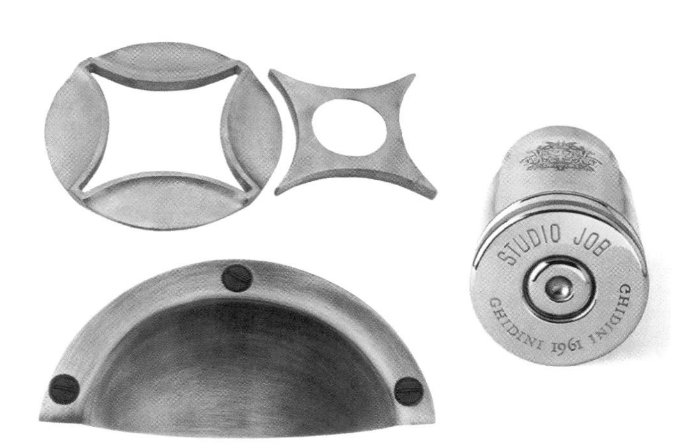

material

黄铜是一种非常优秀的铸造材料，由于黏度低，它能够流入较为精细的形状复杂的模具中。黄铜可用多种方法进行铸造，包括砂铸和压铸。黄铜还可以进行锻造、挤压，亦可作为涂层用于电铸工艺。黄铜可以制成板材、棒材、管材和实心件，这些型材可通过模压锻造、轧制、冲压、机加工等方式成型。在连接方面，黄铜可以进行锡焊、铜焊和冷焊。

产品案例分析

finishing

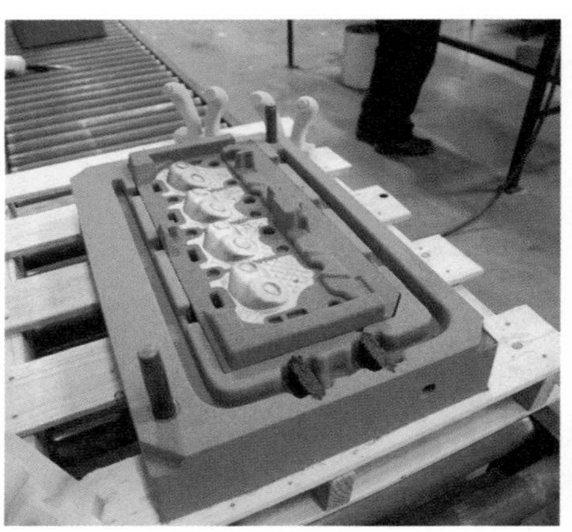

砂型铸造是指在砂型中生产铸件的铸造方法。钢、铁和大多数有色合金铸件都可用砂型铸造方法获得。由于砂型铸造所用的造型材料价廉易得，铸型制造简便，对铸件的单件生产、成批生产和大量生产均能适应，长期以来，一直是铸造生产中的基本工艺。

制造砂型的基本原材料是铸造砂和型砂黏合剂，其中最常用的铸造砂是硅质砂。为使制成的砂型和型芯具有一定的强度，在搬运、合型及浇注液态金属时不致变形或损坏，一般要在铸造中加入型砂黏合剂，将松散的砂粒黏结起来成为型砂。应用最广的型砂黏合剂是黏土，也可采用各种干性油或半干性油、水溶性硅酸盐或磷酸盐和各种合成树脂作型砂黏合剂。砂型铸造中所用的外砂型按型砂所用的黏合剂及其建立强度的方式不同分为黏土湿砂型、黏土干砂型和化学硬化砂型 3 种。

砂型铸造的特点：适应性强；不受铸件形状、尺寸、重量限制；成本低。

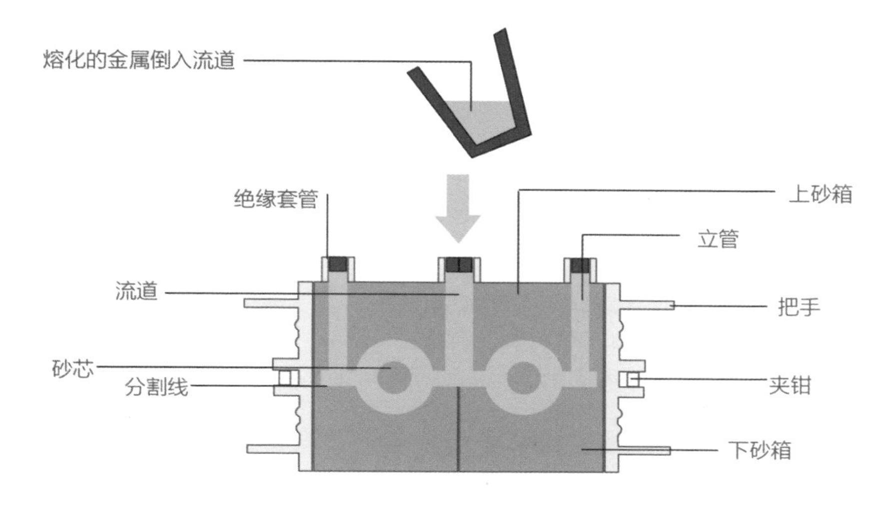

砂型铸造工艺

砂型铸造工艺的流程有以下几步：

①混砂。制备型砂和芯砂，供造型使用。

②制模。根据零件图纸制作模具和芯盒，一般单件可用木模、批量生产可制作塑料模具或金属模，大批量铸件可以制作型板。

③造型（制芯）。造型是铸造中的关键环节，包括造型（用型砂形成铸件的型腔）、制芯（形成铸件的内部形状）、配模（把型芯放入型腔里面，合好上下砂箱）。

④熔炼。选择合适的熔化炉熔化合金材料，形成合格的液态金属液。

⑤浇注。把电炉里熔化的金属液注入造好的型里，让金属液注满整个型腔。

⑥清理。等金属凝固后用锤子去掉浇口并震掉砂子，用喷砂机进行喷砂，清理铸件表面。

⑦铸件加工。用砂轮或磨光机进行打磨，去掉铸件的毛刺。

工艺成本：模具费用低，单件费用适中。

典型产品：建筑的金属固定件、交通工具零件、家具、灯具、引擎等。

产量：适合单件及小批量生产。

质量：成型表面精度低，适合空心和多孔零件的铸造。

速度：生产周期短，具体取决于操作人员的熟练程度。

Zinc
锌

关于锌

锌，闪着银光又略带蓝灰色，它是继铝和铜之后第三种应用广泛的有色金属。因为其熔点低，锌是铸造的理想材料。锌在常温下比较脆；在温度为 100~150℃时，会变软；在超过 200℃后，又变脆，可碎成粉末。由于锌适合制造精细、复杂的金属部件，所以锌铸件产品随处可见。例如门把手、卫浴龙头和开瓶器等就是由锌合金主体镀铬而成的。另外，锌耐腐蚀性强，这使得作为钢材的电镀层成为其另一个最主要的应用领域。除用于钢材涂层外，锌还有一个主要用途是作为合金成分和铜组成黄铜。

特性

耐腐蚀性高
强度高
相对较脆
硬度好
熔点低
易与其他金属形成合金

来源

在地球上最常见的元素中，锌排第 24 位。锌矿遍布全球，但主要的矿产资源集中在中国、澳大利亚和秘鲁。

价格

2.8 美元 / 千克（2019 年 7 月）。

可持续性

在美国，锌的用量大约 53% 来自回收资源。

材料介绍

锌缺乏个性，很难像其他金属一样会让人产生相应的联想，例如镁常常让人联想到昂贵、轻量，银则让人想到华贵。虽然从视觉上来看锌并不引人注目，但它仍然是一种非常重要的材料，不管是它本身，还是作为其他金属的合金成分。

美国矿产局的一项统计显示，一个普通人一生总共要消耗掉 331 千克的锌。锌是重要的有色金属原材料，具有良好的延展性、耐磨性和抗腐蚀性，能与多种金属制成物理与化学性能更加优良的合金。

锌除用于电镀以达到抗腐蚀作用外，锌合金铸件还可用于青铜制造。我们很难见到没有加工过的锌合金，因为它表面通常处于涂覆状态。例如，常见的厨房用开瓶器一般由锌合金制成，其表面镀有镍。锌还是人体不可缺少的微量元素，在支撑健康的免疫系统方面发挥着重要的作用。

锌具有良好的抗电磁场性能。在射频干扰的场合，锌板是一种非常有效的屏蔽材料。由于锌是非磁性的，适合制作仪器仪表零件、仪表壳体及钱币。另外，锌与其他金属碰撞不会发生火花，适合用作井下防爆器材。

锌还有清洁卫生的特性，被广泛应用在屋顶材料、照片雕刻盘、移动电话天线以及照相机中的快门装置中。

产品案例分析

镀锌系列餐具

By Pottery Barn

产品介绍

该镀锌系列餐具包含碗盘、托盘、餐巾纸盒、小吃桶架等，拥有极其实用的功能，具有时尚的乡村特色。它迷人的视觉元素和仿旧质感，是夏季室内或室外休闲娱乐的完美选择。

color

镀锌铁因其质朴的视觉特性和实用的功能而闻名，其半亚光的银色表面具有可见的微晶，散发出独特的美学魅力。

material

锌有着优异的耐腐蚀性，作为电镀层用在餐具上既能起到防锈作用，又有装饰性。

产品案例分析

finishing

目前，常用的镀锌方法有电镀锌和热镀锌两种。热镀锌主要应用在工业品中，热镀锌层厚度一般在35μm以上，覆盖能力好，镀层致密。而电镀一般用在日常消费品中，比如手表等。

热镀锌工艺流程：工件→脱脂→水洗→酸洗→水洗→浸助镀溶剂→烘干预热→热镀锌→整理→冷却→钝化→漂洗→干燥→检验。电镀锌工艺流程（以镀锌铁合金为例）：化学除油→熱水洗→水洗→电解除油→热水洗→水洗→强腐蚀→水洗→电镀锌铁合金→水洗→出光→钝化→水洗→干燥。

电镀锌按电镀溶液可分为四大类。

① 氰化物镀锌：采用此工艺电镀后，产品质量好，特别是彩镀，经钝化后色彩保持好。

② 锌酸盐镀锌：采用此工艺的镀层晶格结构为柱状，耐腐蚀性好，适合彩色镀锌。

③ 氯化物镀锌：此工艺适于白色纯化（蓝白、银白）。

④ 硫酸盐镀锌：此工艺适合于连续镀（线材，带材，简单、粗大型零部件），成本低廉。

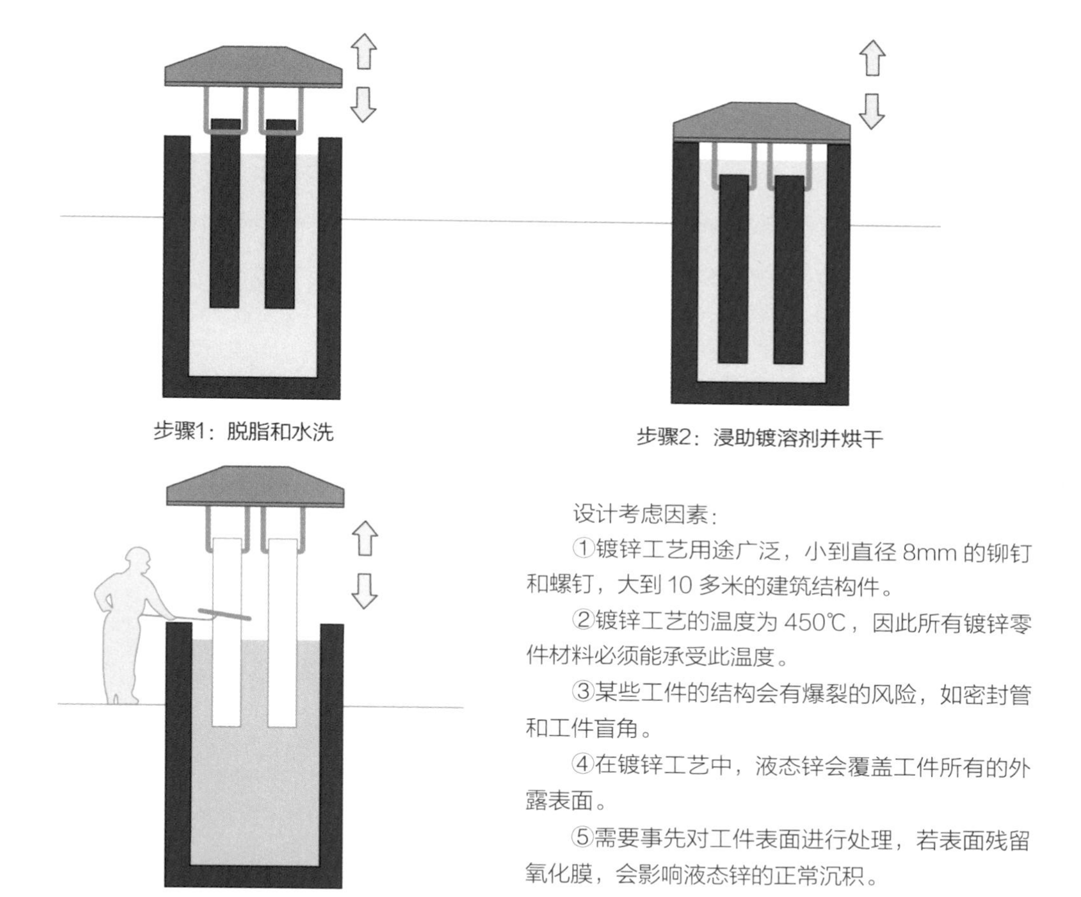

设计考虑因素：

①镀锌工艺用途广泛，小到直径 8mm 的铆钉和螺钉，大到 10 多米的建筑结构件。

②镀锌工艺的温度为 450℃，因此所有镀锌零件材料必须能承受此温度。

③某些工件的结构会有爆裂的风险，如密封管和工件盲角。

④在镀锌工艺中，液态锌会覆盖工件所有的外露表面。

⑤需要事先对工件表面进行处理，若表面残留氧化膜，会影响液态锌的正常沉积。

热镀锌工艺

步骤 1：脱脂和水洗。首先在热碱溶液中去除工件表面的油渍，进行脱脂，然后在盐酸池中去除表面的锈，并被加热至 80℃来为下一步工作预热。

步骤 2：浸助镀溶剂并烘干。在氯化锌中进行深度清理，以确保工件表面能更好地支持液态锌的沉积，然后烘干。

步骤 3：热镀锌。将工件浸泡在 450℃的液态锌池中，10 分钟后即可完成取出。

> 工艺成本：无模具费用，单件费用低。
>
> 典型产品：建筑、桥梁、交通工具和家具的表面处理等。
>
> 产量：单件到大批量皆可 。
>
> 质量：完美的保护层，外观很大程度取决钢材的质量。
>
> 速度：快速，基本 10 分钟一个周期。

Magnesium
镁

关于镁

镁是由英国化学家汉弗戴维先生于1808年首次制成的，在元素周期表中镁属于具有一些极端特性的元素。镁很轻，而且高度易燃，在磨成粉状或切成小条状时容易被点燃。正是由于这个原因，镁成为理想的野营用打火机和救生工具，只用火石的火花就可以点燃。

镁的主要缺点是只要接触空气，表面就会失去光泽，呈现普通的灰色，其耐腐蚀性能也非常有限，就连果汁或苏打水都会腐蚀它。

特性

重量极低
比强度高
耐腐蚀性差
表面光洁度差
熔化温度相对较低（650℃）
可回收

来源

镁在地壳中的储量居第8位，大部分的镁原料提炼自海水，海水中镁的含量仅次于钠，所以它的资源是稳定充分的。

价格

2.4美元/千克（2019年7月）。

可持续性

镁具有可持续发展的优势，镁资源丰富，能源条件较好；可以实现清洁生产，进一步节能降耗；镁产业已具有相当的基础，深加工产品开发具有良好前景。

材料介绍

镁是极为重要的有色金属，它比铝轻，能够很好地与其他金属构成高强度的合金，镁合金具有密度小、强度和刚度高、导热导电性好、良好的阻尼减震和电磁屏蔽性能、易于加工成型、容易回收等优点。但长期以来，由于受价格和技术方面的限制，镁及镁合金只少量应用于航空、航天及军事工业，因而被称为“贵族金属”。

现今，镁是继钢铁、铝之后的第三大工程金属材料，被广泛应用于航空航天、汽车、电子、移动通信、冶金等领域。可以预计，金属镁在未来的重要性将变得更高。

镁合金比重为铝合金的 68%，为锌合金的 27%，为钢铁的 23%，常用于汽车零件、3C 产品外壳、建筑材料等。大多数超薄笔记本电脑和手机均采用镁合金制作外壳。

镁合金作为一种新型材料，给人一种高科技品质的感受。镁合金的耐腐蚀性是碳钢的 8 倍，铝合金的 4 倍，更是塑料的 10 倍以上，防腐能力是合金中最佳的。常用的镁合金具有不可燃性，尤其是使用在汽车零部件以及建筑材料上，可以避免发生瞬间的燃烧。

产品案例分析

Go Chair

By Ross Lovegrove

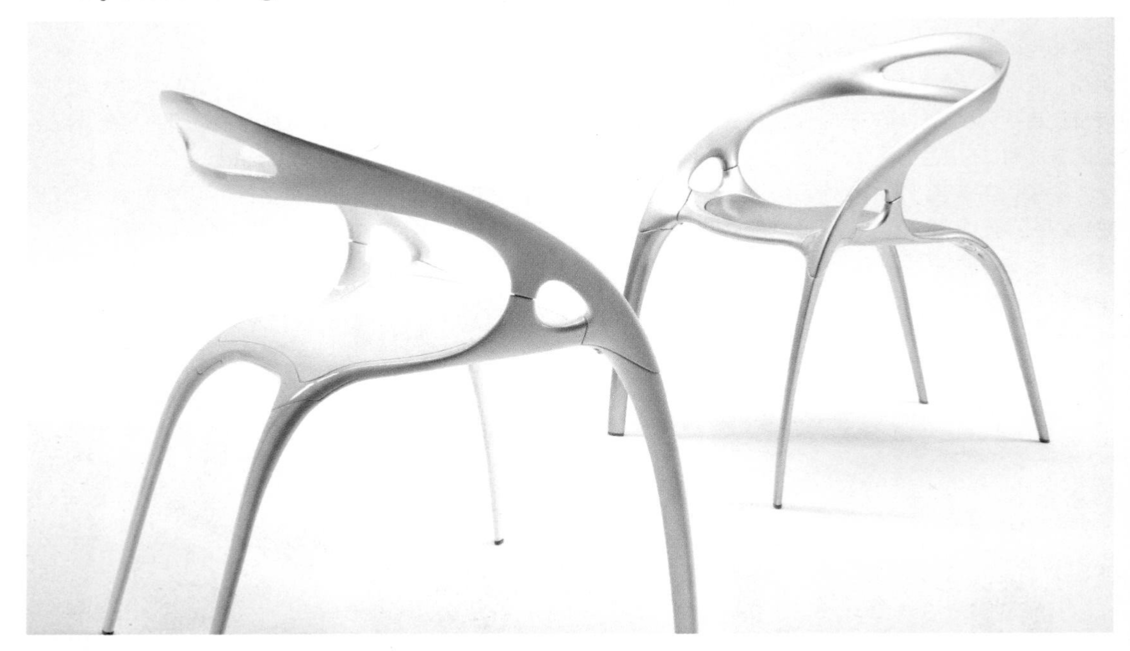

产品介绍

当世界上第一把镁框架椅子——Go Chair 于 2001 年首次在纽约当代国际家具展上亮相时，人们都认为其是经典之作。

Go Chair 集中体现了拉弗格鲁夫标志性的流线、面向未来的风格和优雅的设计。座椅体现了人机工程的设计原理。它目前陈列在得克萨斯州的沃思堡现代美术馆，并收集在世界各地的博物馆中。

Go Chair 采用压铸成型工艺，每把椅子中的镁制部件都是压铸和手工抛光的，并用银白色的粉末进行涂覆。这也是首次在家具设计中使用镁这种新材料和压铸工艺。

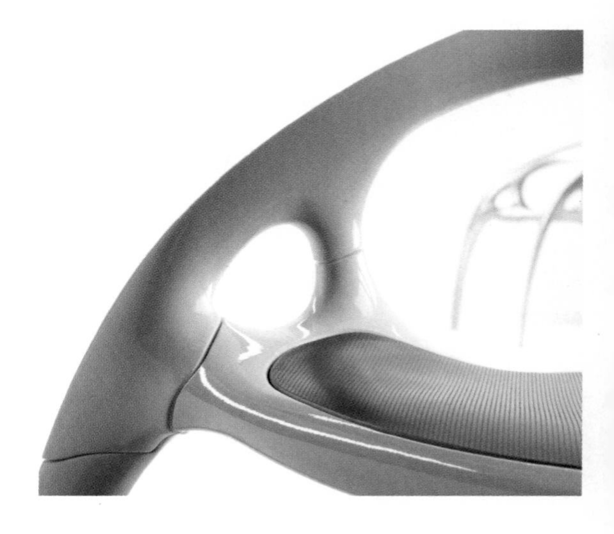

产品案例分析

color

Go Chair 有两种不同的表面涂层：银色和白色，均能体现极强的现代感和科技感。坐垫可用布料或皮革装饰。

material

镁和锌一样是很容易塑造出复杂形状的金属，可采用各种各样的铸造成型法，包括拉模铸造、真空铸造以及失蜡成型等，在这方面，只有塑料可与之媲美。

因为镁对应力集中敏感，浇铸时应避免出现尖角。镁加工时会变硬，这会降低镁合金的冷成型效率，也意味着它会越弯曲越硬。镁也可采用多种技术进行焊接，还可通过阳极氧化处理来改善其表面效果。

产品案例分析

finishing

压力铸造（压铸成型）是近代金属加工工艺中发展较快的一种特种铸造方法。熔融金属需要在高压高速下充填铸型（钢模），并在高压下结晶凝固形成铸件。根据压铸类型的不同，需要使用冷室压铸机或者热室压铸机。大多数压铸铸件都是不含铁的，例如锌、铜、铝、镁、铅、锡以及它们的合金。

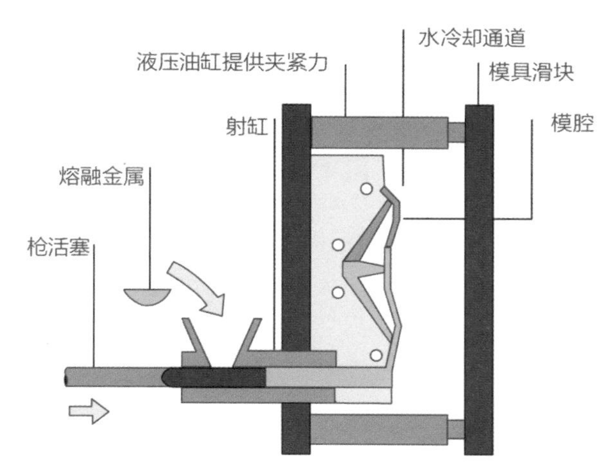

步骤1：
熔化的液态金属在高压作用下，被注入钢模内，直到液态金属完全充满钢模腔体。

步骤1：金属注射

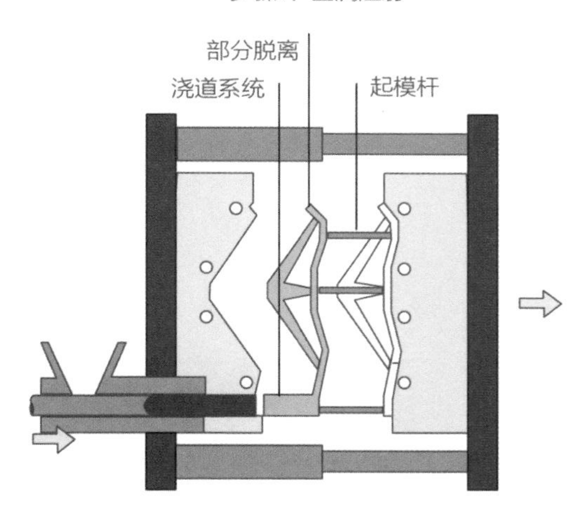

步骤2：
等待腔体内部的液态金属完全冷却，钢模分开，零件被顶出，等待修边和打磨。

步骤2：部分起模

压铸成型工艺

设计考虑因素：

① 适合形状复杂的金属件，可以成型零件内部孔和加强筋；

② 高压下的压铸成型零件表面精度极高；

③ 零件壁厚可以小于其他任何铸造成型工艺；

④ 拔模角建议：1.5°；

⑤ 尤其适合小型金属件的成型，太大的零件须考虑其他铸造工艺。

工艺成本：模具费用高，单件费用低。

典型产品：交通工具、家具、厨具等。

产量：只适合大批量生产。

质量：成品零件表面精度高。

速度：快，具体时间取决于工件的尺寸大小和形状的复杂度。

Argentum
银

关于银

银是过渡金属的一种，化学符号为 Ag。银是古代就已知并加以利用的金属之一，是一种重要的贵金属。银在自然界中有单质存在，但绝大部分以化合态的形式存在于银矿石中。纯银是一种美丽的银白色金属，它具有很好的延展性，其导电性和导热性在所有的金属中都是最高的。银的反光率极高，可达 99% 以上。

特性

导电性极高
可塑性高
导热率极高
装饰性强
感光度高
易变色
延展性和韧性好

来源

墨西哥和中国是两大银生产国，约占全球总产量的 1/3。世界总存储量预计 53 万吨。

价格

486 美元 / 千克 (2019 年 7 月)。

可持续性

银对身体无害，并能够抑制细菌的生长。在光电池中，银是主要的有效成分，因此可作为非油基类的燃料。

材料介绍

银是贵金属中相对便宜的一种金属。它在工业和人们日常生活中有着非常广泛的用途。它与行业关联性很大，既是一种高技术用金属，也是一种军、民两用金属。

银主要用于以下三个行业：珠宝首饰、工业和摄影。冲洗照片利用了银的光反应能力，在摄影领域的银用量占据了总用银量的很大部分。由于银具有极高的导电率，所以在电子工业领域用它来制作焊料。银可以产生极好的电磁屏蔽性（EMF），也作为电镀材料被广泛使用。

银的复合材料是通过复合工艺组合而成的新型材料。它既能保留银的主要特色，又能通过复合效应获得原组分所不具备的性能，互相补充，彼此兼顾。把银用在关键部位，是一项重要的节银技术，银复合材料已成为近代先进材料的一大类。

工业上应用的含银复合材料主要分为两类:（1）银和银合金与其他金属合金的复合材料（包括面复、镶嵌复、铆钉复、包复等）；（2）以银为基的金属基复合材料（如 $Ag\text{-}Me_yO_x$、Ag-C 纤维、不互熔元素的烧结复合）。

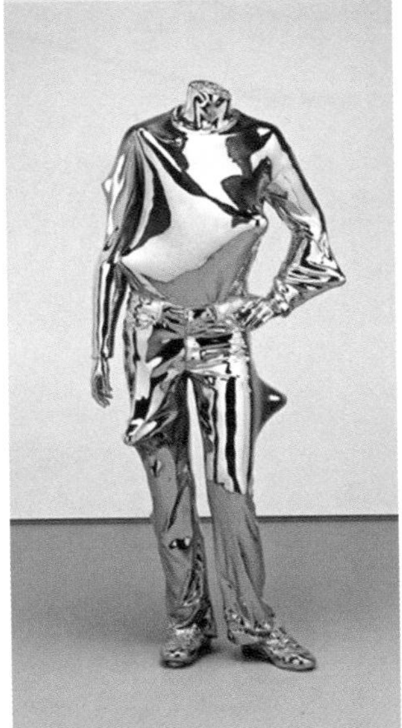

产品案例分析

几何形餐具

By Till Kobes

产品介绍

这款餐具使我们知道，餐具并不总是必须重复同样的形状。这个现代化的设计不仅在形状上与其他物品不同，而且使用的感觉也愉快。它看似平面，但是折叠的轮廓使得每件产品可以与另一件产品相叠合，它们一起创造出独特的几何视觉，成为人们餐桌上闲谈的话题。这款餐具在材料上选择了银，银离子具有杀菌功能，可以提高人体免疫力，预防病菌的侵扰，减少疾病的发生。同时银自古以来就是财富的象征，这款餐具简洁的设计和银的材质也体现出了生活的精致之美。

color

银色象征洞察力、灵感、星际力量、直觉。银色是沉稳之色，代表高尚、尊贵、纯洁、永恒，比如银灰色给人以神圣庄严的感觉。银色在西方奇幻故事中常被作为祭祀的象征，也有神秘的含义。银色是中间色的一种，容易搭配。

银矿在刚开采出来的时候，闪耀着美丽亮白的颜色，但一旦接触到空气，会在很短的时间里变成银白色。

material

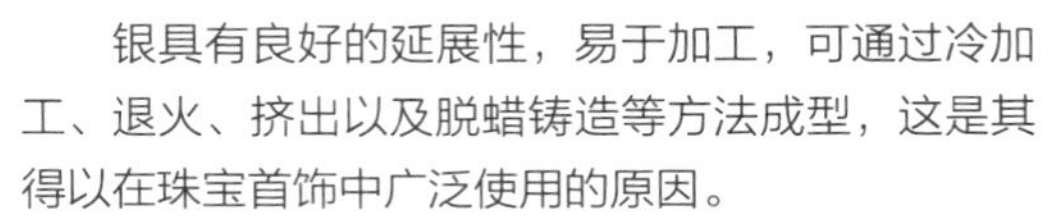

银具有良好的延展性，易于加工，可通过冷加工、退火、挤出以及脱蜡铸造等方法成型，这是其得以在珠宝首饰中广泛使用的原因。

由于白银在水中可以形成微量的银离子，银离子有较强的杀菌能力，所以银餐具有防腐保鲜、杀菌消毒、净化水质的作用。目前，世界上超过半数的航空公司已使用银制的滤水器。银餐具不仅能装点餐桌，还有益健康。

finishing

本案例中的几何餐具由冲压成型的工艺加工成型。

Titanium
钛

关于钛

钛是一种化学元素，化学符号为 Ti，是一种银白色的过渡金属，是 20 世纪 50 年代发展起来的一种重要的结构金属。钛是一种稀有金属，在自然界中存在分散并且难以提取。钛的耐热性很好，熔点高达 1668℃。在常温下，钛不溶于各种强酸强碱的溶液。此外，钛能与铁、铝、钒或钼等其他元素熔成合金，造出高强度的钛合金。钛合金因具有强度高、耐蚀性好、耐热性高等特点而被广泛用于各个领域，主要用于制作飞机发动机、压气机部件，还用于制作火箭、导弹等的结构件。

特性

密度小强度高
抗腐蚀性强
生物相容性优异
超高温抗性
低导热性
低导电性
无磁性

来源

南美以及澳大利亚是钛的主要来源地。

价格

218 美元 / 千克（镍钛合金）。

钛矿石分布较多，但是加工成本高昂。

可持续性

加工钛矿石提取钛金属时需要高温环境，所以会耗费大量的能量，成本巨大。钛合金产品可以回收再利用。

材料介绍

地壳中含钛的矿物多达 70 多种。钛的强度大，密度小，硬度大，熔点高，抗腐蚀性很强。高纯度钛具有良好的可塑性，但当有杂质存在时变得脆而硬。

钛的比重仅是铁的 1/2，却像铜一样经得起锤击和拉延。在超低温世界里，钛会变得更为坚硬，并有超导体的性能。

钛有很强的耐酸碱腐蚀能力，在海水中浸 5 年不锈蚀。用钛合金作为外壳材料制造的船只海水无法腐蚀，用钛合金制成的“钛潜艇”可潜入 4500 米的深度，而一般钢铁潜艇在潜入深度超过 300 米就容易被水压压坏。

钛还可以被用来加工制作成人类的义肢或者植入体内代替人类的骨骼，也可以用来制作航空航天机体、消费电子产品以及建筑构件。建筑用钛方面，除可用作屋顶和幕墙外，还可用作大厦的墙体、装饰物、雕塑、纪念碑等，钛使许多滨海建筑物的腐蚀问题得到圆满解决。

钛可以被加工为二氧化钛，二氧化钛（钛白粉）是现今世界上性能最好的一种白色颜料。钛白的黏附力强，不易起化学变化，永远是雪白的。

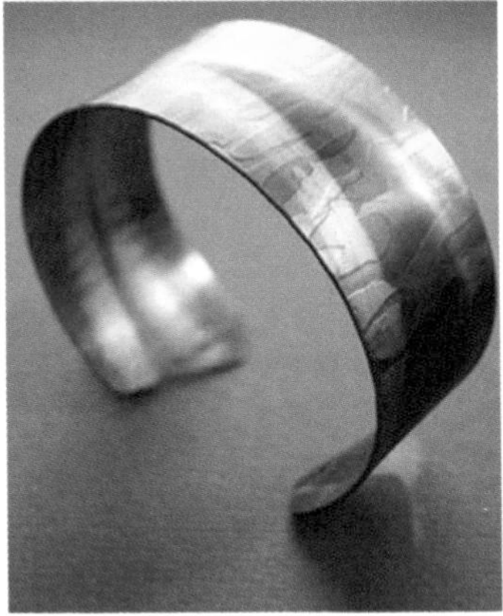

产品案例分析

钛合金公路车

By Mosaci

产品介绍

这是来自 Mosaic 的 RT-1，一辆经典、原始、充满古朴风格，却装备着最新科技零配件的钛合金公路车。从美学角度来欣赏，这是一种简单粗犷的原始风格，黑色中寻求微妙的色调变化。表面处理采用拉丝与蚀刻，完美地凸显出了金属的质感。整体看来它似乎平淡无奇，但是在光照下却细节丰富。

color

干涉色是随膜层的厚度变化而变化的，随着膜层厚度的增加会呈现出不同的色彩。一般来讲，钛的表面都有一层薄薄的氧化膜，厚度一般为5~70μm，由于氧化膜很薄，对光线不会产生干涉作用，因此通常钛的表面并不会呈现色彩斑斓的效果，只能呈银灰色。如果把钛适当处理一下，钛的表面就会增加一层相对较厚的氧化膜，进而形成彩色钛合金。

material

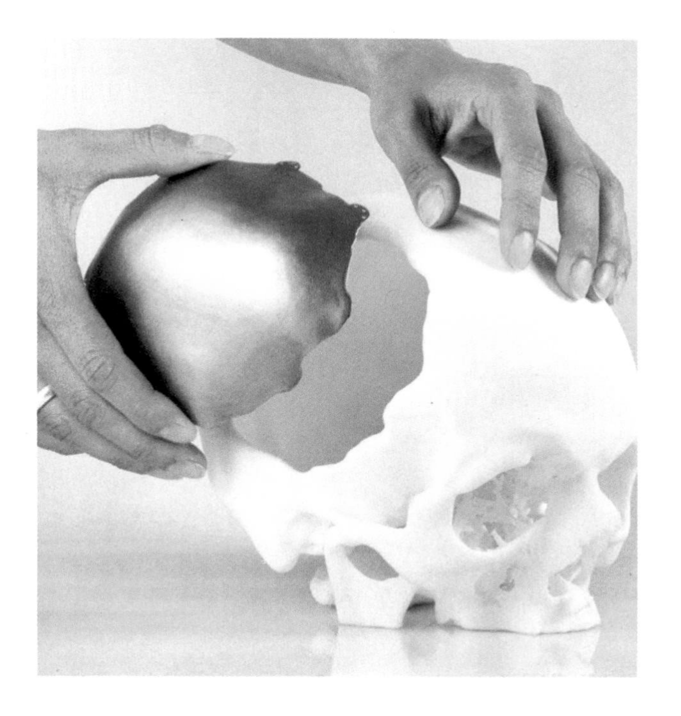

钛和很多金属一样，冷热加工皆可，并不需要什么特别的机器。然而钛在成型过程中，有时会因为其低延展性以及低弹性而使得最终产品有一些问题，所以通过提升加工温度可以很好地解决这些问题。

需要注意的是钛合金在高温下对氧、氢和氮等气体具有极大的亲和力，特别是在钛焊接过程中，这种能力伴随着焊接温度的升高更为强烈。实践证明，焊接时如果对钛合金与氧、氢和氮等气体的吸收和溶解度不加以控制，无疑会给钛合金接头的焊接过程带来极大的困难。

产品案例分析

finishing

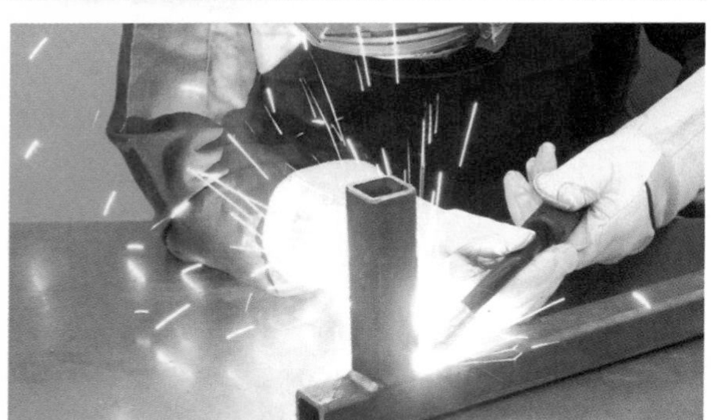

焊接也称作熔接，是一种以高温或者高压的方式接合金属或其他热塑性材料的制造工艺及技术。焊接通过下列三种途径达成接合的目的：

① 熔焊，加热欲接合的工件使之局部熔化形成熔池，熔池冷却凝固后接合，必要时可加入熔填物辅助。它适合各种金属和合金的焊接加工，不需压力。

② 压焊，在加热或不加热的状态下，对组合焊件施加一定压力，使其产生塑性变形或融化，并通过再结晶和扩散等作用，使两个分离表面的原子形成金属键而连接的方法。

③ 钎焊，采用比母材熔点低的金属材料为钎料，利用液态钎料润湿母材，填充接头间隙，并与母材互相扩散从而连接焊件。钎焊适合各种材料的焊接加工，也适合不同金属或异类材料的焊接加工。

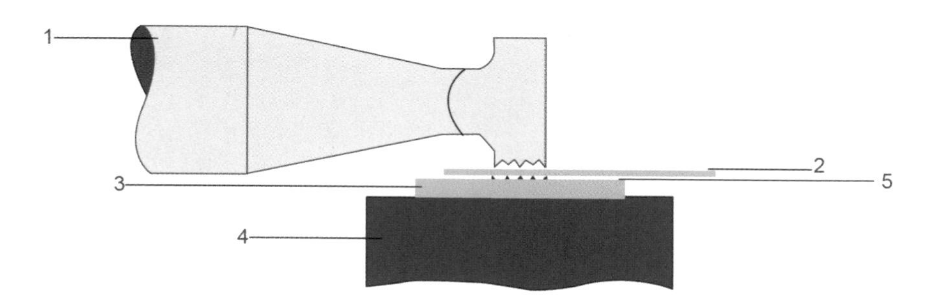

1-焊接工具头　2-上焊接件　3-下焊接件　4-焊接铁砧　5-焊接区域

超声波金属焊接工艺

超声波金属焊接优点：

① 节约成本：避免了消耗品如焊料、焊剂、黄铜等材料，使超声波金属焊接具有良好的经济效益。

② 能耗低：超声波金属焊接所需能量低。

③ 工具寿命长：焊接工具用高质量精钢加工而成，具有优异的抗磨损性能，易安装、焊接精度高。

④ 高效率与自动化：典型的焊接速度不超过 0.5s，时间短，保养工作量少，适应性强，使超声波金属焊接设备成为自动化装配线的首选。

⑤ 工作温度低：由于超声波金属焊接不需要高温，所以它不会使金属工件退火，不会使塑料壳熔化，也不需要冷却水。

工艺成本：模具费用低，单件费用低。
典型产品：消费电子产品、医疗产品、包装等。
产量：小批量或大批量皆可。
质量：焊接节点密闭性极高。
速度：快速高效的生产周期。

Tin
锡

关于锡

锡具有银白色的外观，锡作为中国五金（金、银、铁、铜、锡）中硬度最低的金属材质，可塑性极强。锡经过简单的手工掰制后可以呈现出无数种造型。同时锡具有熔点低的特性，熔点只有232℃。锡在常温下富有延展性，在100℃时，它的延展性非常好，可以加工成极薄的锡箔。如果温度下降到 -13.2℃以下，它会逐渐变成煤灰般松散的粉末。

在原始时代末期，青铜的出现是人类文明史上的一次壮举。锡作为青铜配置的佐料，与铜相结合既发挥了自身熔点低的优势，同时与其他金属结合又弥补了锡硬度低的特点。在中国很长一段历史长河中，锡在日常生活中都占据着不可取代的地位。

特性

质软

常温下富有延展性

易于和其他金属形成合金

抗腐蚀性好

化学稳定性高

熔点低

导电性好

来源

中国和印度尼西亚是最大的锡生产国，其次是南美的一些国家，包括秘鲁和巴西等。

价格

20美元/千克（2019年7月）。

可持续性

锡无毒，可广泛回收。

材料介绍

锡的历史可以追溯到十四世纪，当时它是大型工艺品的基础材料。提到锡这种金属，第一个想到的产品一定是锡纸。锡是少有的可以制成像纸一样薄的金属。或许也正因为这个原因，所以当人们想起锡，廉价这个形容词也就随之而生。相对于其他金属，锡的联想能力不是那么强，比如提到铝就可以想起当代设计，看到铜就想到传统厨房用具。

未经涂装的锡常常跟铝搞混，因为它们都是带光泽的银白色，而且表面均亮滑。锡和铅一样，其熔点较低，锡广泛用于生产焊料。

锡也大量使用于包装产业。如果不经意间看到一个金属盒子，那十之八九都是用马口铁（tinplat）做的。马口铁是在钢板的两面镀上锡，这样会使钢板具有非常优异的抗腐蚀效果。包装制造占了马口铁用途的 90%，另外它也是简单玩具的制作材料，因为和其他金属相比较软，所以也就不那么具有危险性。锡还用于制造老式的牙膏管，以及作为锡罐的电镀层。

产品案例分析

锡凳

By Raphael Volkmer

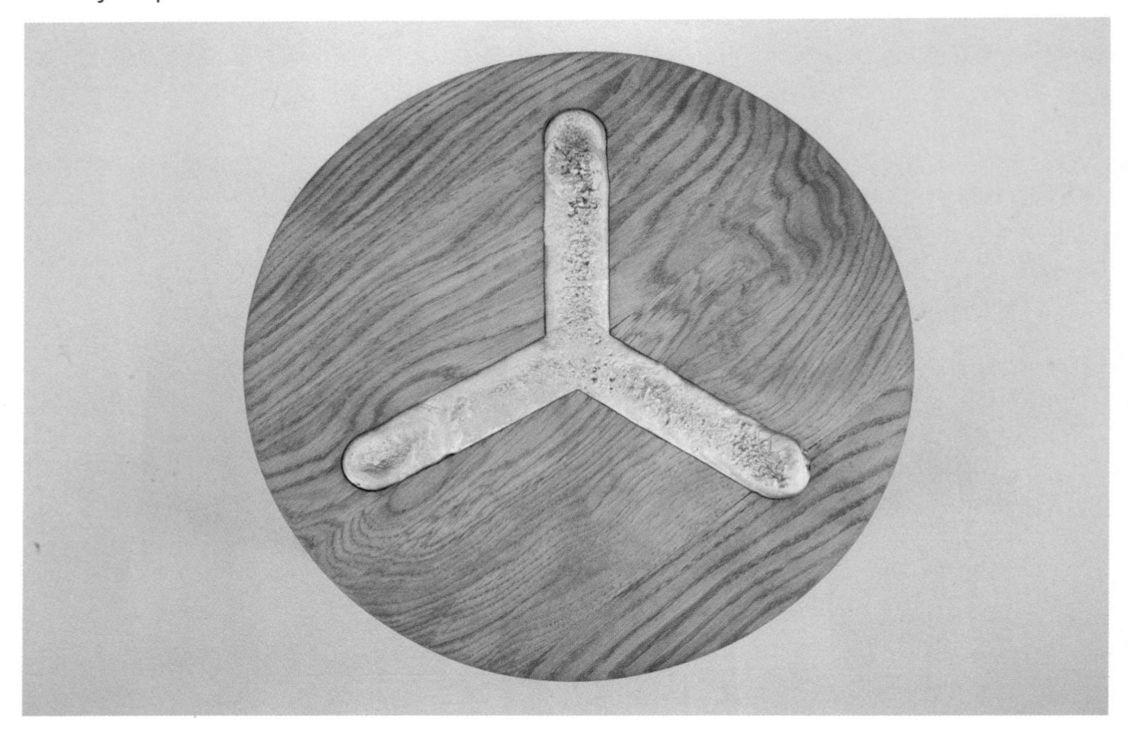

产品介绍

大多数大规模生产的产品不显示它们的创作过程，而这款将橡木和金属锡结合起来制造的锡凳，把制作形式呈现给用户。制作模具由简单木框架固定的背纸制成，其过程是将熔化的液态锡倒入背纸及凳面表面凹槽。

本设计作品是 Raphael Volkmer 为呼吁德国传统，旨在向大众展示创作过程，用再生锡制造出的独特的凳子，这样可以吸引用户，让他们深入了解相关手工艺。

color

　　将天然木材和充满现代感的金属材质相结合，木材本身具有的柔和颜色、细密质感以及天然纹理非常自然地融入金属材质中，形成一种原始与现代的交融错落感。工业化的金属锡的银白色配上暖色系的原木色，展现出一种简约柔和之美。

material

　　锡无毒，可广泛回收，由此形成再生锡的概念。再生锡是从回收的锡废杂物料中提炼得到的。

　　再生锡既可以保护环境，又可以充分利用锡资源以补充世界原生锡矿产资源的不足。再生锡的生产成本一般比原生锡低，而且可用于再生锡的含锡废杂物料随着经济的发展在不断增加。因此，世界各国都重视锡的再生，工业发达国家再生锡量相当于原生锡产量的 40% 左右。

产品案例分析

finishing

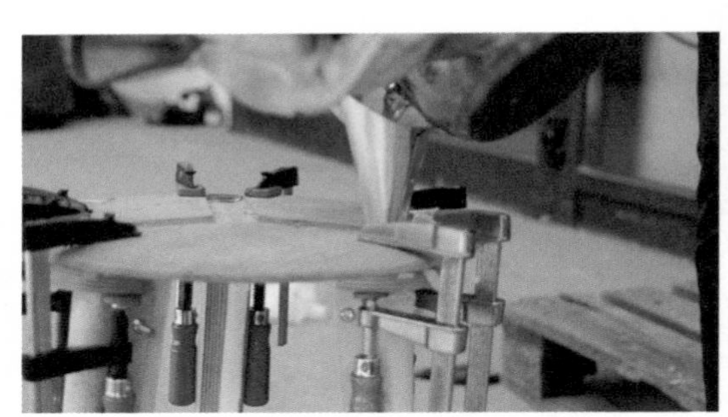

在传统浇铸基础上，派生出灌注、嵌铸、压力浇铸、旋转浇铸和离心浇铸等方法。

①灌注。此法与浇铸的区别在于，浇铸完毕制品即由模具中脱出，而灌注时模具是制品本身的组成部分。

②嵌铸。将各种零件置于模具型腔内，与注入的液态物料固化在一起，使之包封于其中。

③压力浇铸。在浇铸时对物料施加一定压力，有利于把黏稠物料注入模具中，并缩短充模时间。

④旋转浇铸。把物料注入模内后，模具以较低速度绕单轴或多轴旋转，物料借重力分布于模腔内壁，通过加热、固化而定型。用以制造球形、管状等空心制品。

⑤离心浇铸。将定量的液态物料注入绕单轴高速旋转、并可加热的模具中，利用离心力将物料分布到模腔内壁上，经物理或化学作用而固化为管状或空心筒状的制品。

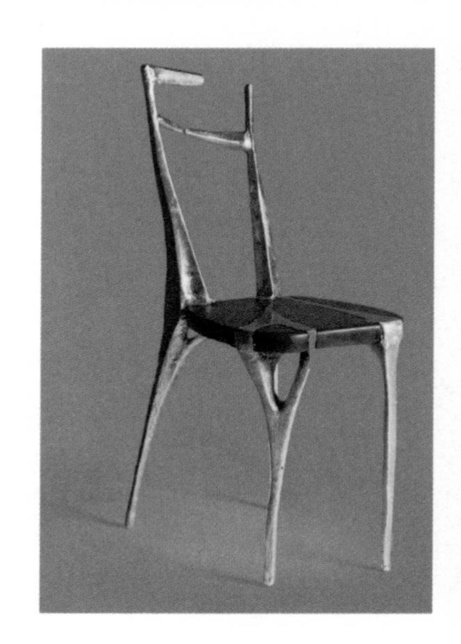

产品案例分析

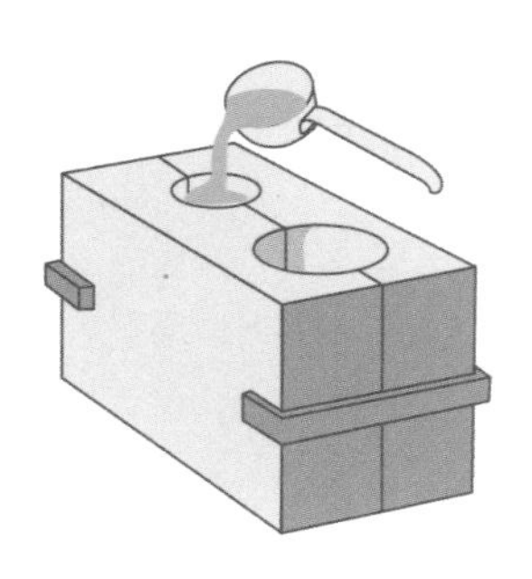

1.将熔化的液体注入模具

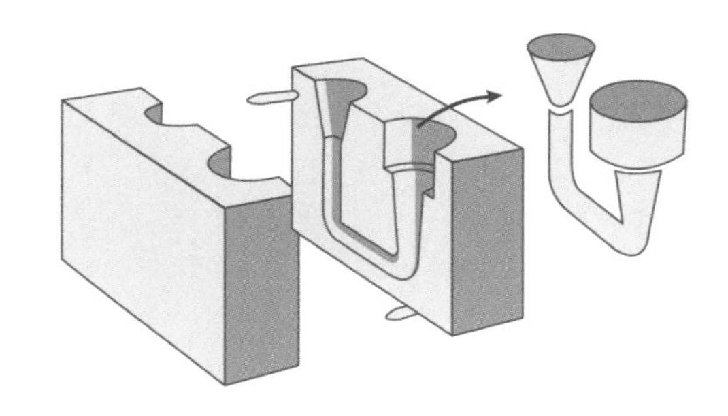

2. 开启模具取出铸件

章节思考

菲利普 · 斯塔克（Philippe Starck）设计的这款外星人榨汁机 Juicy Salif，自 1990 年诞生以来可以说是设计师本人和 ALESSI 公司最负盛名的经典之作。这个榨汁机三腿鼎立、顶部有螺旋槽，切开橙子，将半个橙子压在顶上拧，橙汁就顺着顶部螺旋槽流到下面的玻璃杯里了。这个设计的概念有点像中国古代的爵、鼎，其顶部是实心的槽纺锤形状，远看好像一只大的不锈钢蜘蛛一样。

思考 1：试对这一款榨汁机进行 CMF 分析，阐述你对这一产品的看法，并将其 CMF 设计运用到自己的设计中，写出设计说明。

思考 2：请重新对这款榨汁机进行 CMF 设计，并写出 1~2 个设计方案。

第五章 塑 料

塑料是以单体为原料，通过加聚或缩聚反应聚合而成的高分子化合物。塑料由合成树脂及填料、增塑剂、稳定剂、润滑剂、色料等添加剂组成，其抗变形能力中等，介于纤维和橡胶之间。

ABS
ABS 塑料

关于 ABS 塑料

丙烯腈－丁二烯－苯乙烯树脂，英文简称为 ABS，为热塑性塑料。ABS 是五大合成树脂之一，具有抗冲击性、耐热性、耐低温性、耐化学药品性及优良的电气性能，还具有易加工、制品尺寸稳定、表面光泽性好等特点。该材料不仅容易涂装、着色，还可以进行表面喷镀金属、电镀、焊接、热压和黏结等二次加工，广泛应用于机械、汽车、电子电器、仪器仪表、纺织和建筑等工业领域，是一种用途极广的热塑性工程塑料。

特性

高耐用性
机械强度高
易于加工
耐冲击
表面光滑
着色性好
高温下易燃

来源

全世界有非常多的供应商，容易购买。

价格

1.43 美元 / 千克（参考）。

可持续性

ABS 属于可循环材料，但不是可持续材料。科学家正在研制使用天然橡胶作为原料的“绿色”ABS 塑料，让其变得可持续。

材料介绍

ABS 是苯乙烯塑料家族的一分子，它包含三种成分，用专业术语来说，就是三种单体：约 25% 的丙烯腈 (A)、20% 的丁二烯 (B) 和 55% 的苯乙烯 (S)。这样调和比例制成的 ABS 可以达到完美的硬度与牢固度之间的平衡。ABS 是由 A、B、S 组成的三元共聚物，通过调节 A、B、S 的混合比例可实现不同的材料特性，从而扩大了材料的适用范围。正是这三种成分的结合使 ABS 成为公认的在韧性、硬度和刚度之间获得较好平衡的工程材料。与金属、木材等传统材料相比，ABS 具有更优良的物理性能和经济优势。

ABS 的具体应用领域十分广泛，从玩具、浴盆、食物料理器到白色家电都有它的影子。ABS 与 PC(聚碳酸酯) 混合后，强度会得到提高，可用于移动电话外壳的制造。

ABS 具有质硬、多彩、光泽度高等特点。作为塑料的主力军，ABS 可以达到极小的制造公差，即 0.002mm。著名的乐高积木块使用的材料就是 ABS。乐高积木块是通过“凸起管”结构连接在一起的，ABS 这种小公差的特点使“凸起管”结构能够配合紧密，可以保证多次使用而不脱落。

产品案例分析

Poppins 伞架

By Edward Barber & Jay Osgerby

产品介绍

Poppins伞架是为传统的带有伞柄的长伞设计的。设计师的目的是创造一个可以用来盛放长伞的三维立方体，于是设计师选择了三棱柱的形状，因为这样的形状可以放置在房间的各个地方，包括角落。此款伞架有一系列圆柱形的孔，这些孔可以放置任何尺寸的伞，无论是收拢的还是展开状态的。伞架的形式让人联想到斯诺克游戏，给人严肃感觉的同时又让人觉得有点俏皮。

color

Poppins 伞架颜色多样，例如暖色系中的红色（给人温暖、热情的感觉）、冷色系中的蓝色（给人清爽、冷静的感觉）和中性色系中的黑色（给人简洁、酷的感觉）。该伞架的多色系设计使得产品更加丰富，更能满足用户对产品不同的色彩需求。

material

伞架采用 ABS 塑料，其具有杰出的抗化学腐蚀性和耐高温性，具有光滑的表面和较高的抗冲击性，极易附加各种色彩。ABS 不透水，但略透水蒸气，吸水率低，室温浸水一年吸水率不超过 1%，且物理性能不会有很大的变化。ABS 制品表面可以通过抛光处理得到高光泽度。其相对热量指数高达 80℃，在高温下也能保持很好的尺寸稳定性。ABS 的这些属性使其成为伞架材料的不二之选。

产品案例分析

finishing

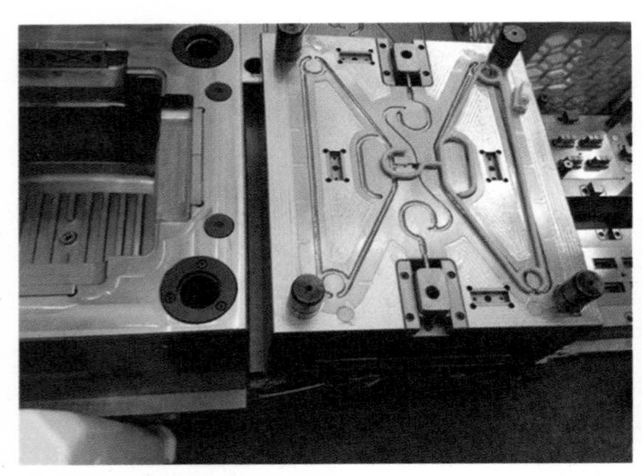

Poppins 伞架采用的是注塑成型的加工工艺。注塑成型又称注射模塑成型，是一种注射兼模塑的成型方法。注塑成型方法的优点是生产速度快、效率高；操作可实现自动化；制品形状可简可繁，尺寸可大可小，而且成品尺寸精确，产品易更新换代，能形成形状复杂的制件。注塑成型适用于需要大批量生产与形状复杂产品的成型加工领域。

影响注塑成型制品质量的要素如下。

① 注入压力：压力的存在是为了克服熔体流动过程中的阻力，或者反过来说，流动过程中存在的阻力需要注塑机的压力来抵消，以保证填充过程顺利进行。

② 注塑时间：合理的注塑时间有助于熔体理想填充，而且对于提高制品的表面质量以及减小尺寸公差有着非常重要的意义。

③ 注塑温度：注塑温度必须控制在一定的范围内。若温度太低，原料塑化不良，影响成型件的质量，增加了工艺难度；若温度太高，原料容易分解。

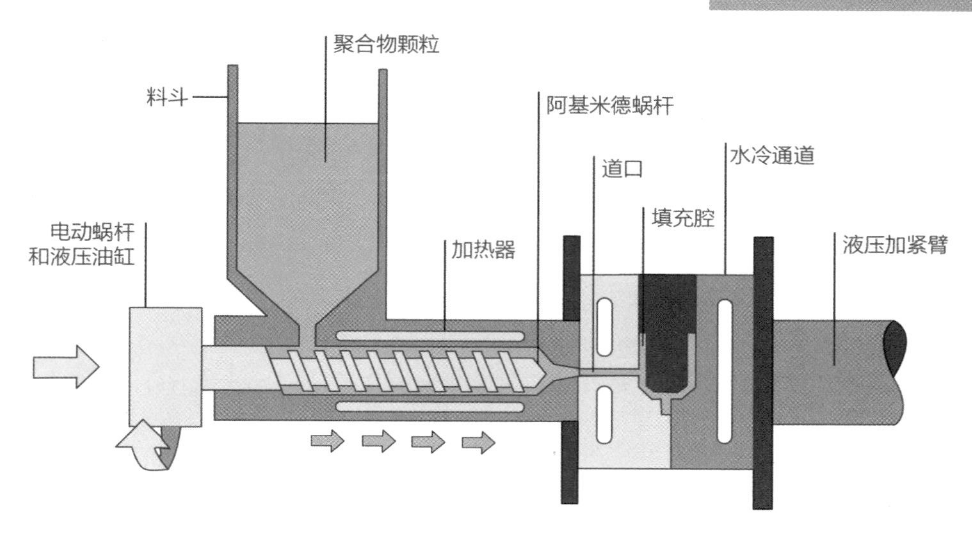

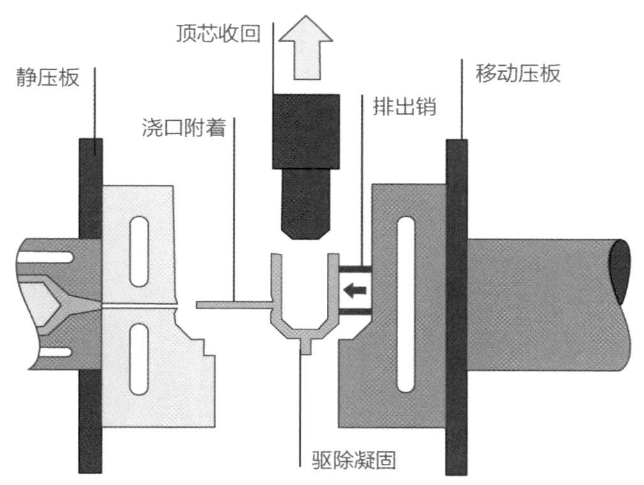

步骤 1：把塑料原料（一般是经过造粒、染色、加入添加剂等处理后的颗粒料）放入料筒中，经过加热塑化，使之成为高黏度的熔料，用柱塞或螺杆作为加压工具，使熔料通过喷嘴以较高的压力注入模具的型腔中。

步骤 2：原料冷却、凝固后从模具中脱出，成为塑料制品。进料、塑化、注射充模、冷却凝固、脱模，每一次循环完成一次成型。

工艺成本：模具费用高，单件成品费用低。

典型产品：汽车塑料部件，消费电子产品塑料外壳等。

产量：适合大批量生产。

质量：极高的表面精度，同一批次的产品外形误差极小。

速度：30~60 秒 / 件。

PUR 聚氨酯

关于聚氨酯

聚氨酯（PUR）是由异氰酸酯与多元醇反应而制成的一种具有氨基甲酸酯链段重复结构单元的聚合物。PUR 制品分为发泡制品和非发泡制品两大类。发泡制品有软质、硬质、半硬质泡沫塑料；非发泡制品包括涂料、黏合剂、合成皮革、弹性体和弹性纤维等。聚氨酯材料性能优异，用途广泛，制品种类多，其中尤以聚氨酯泡沫塑料的使用最为广泛。

特性

抗拉性好
韧性好
耐磨性强
耐冲击
柔性高
弹性好

来源

多个全球供应商。

价格

2.09 美元 / 千克（参考）。

可持续性

聚氨酯低温成型的特点可以节省能源，但一般不可回收。

材料介绍

聚氨酯是五大类聚合物之一，其他四类分别是：乙烯、苯乙烯、氯乙烯和酯。它们之所以能够转化成各种各样产品的原因之一，是因为可以被生产成热固性、热塑性和橡胶形式的产物。聚氨酯主要用于航空、铁路、建筑、体育等领域，还常用于木制家具及金属的表面罩光，罐、管道、冷库、啤酒发酵罐、保鲜桶的绝热保温保冷、房屋建筑隔热防水等领域；还可用于预制聚氨酯板材；也可用于制造塑料制品、耐磨合成橡胶制品、合成纤维、硬质和软质泡沫塑料制品、胶合剂和涂料等。聚氨酯发泡材料在建筑中作为绝缘材料，并以不同形式作为家居的缓冲材料和床垫。

聚氨酯最实用的形式就是 TPU(热塑性聚氨酯弹性体橡胶)，也可称之为耐磨橡胶。因为它具有超高的耐磨性和韧性，所以是设计师设计家具和鞋底时的不二之选。就耐磨性而言，它们可媲美尼龙。某些聚氨酯弹性体的耐磨度甚至是金属的 20 倍。橡胶形式的聚氨酯经常被作为刮刀刀身、脚轮的滚轴、弹簧以及减震器。

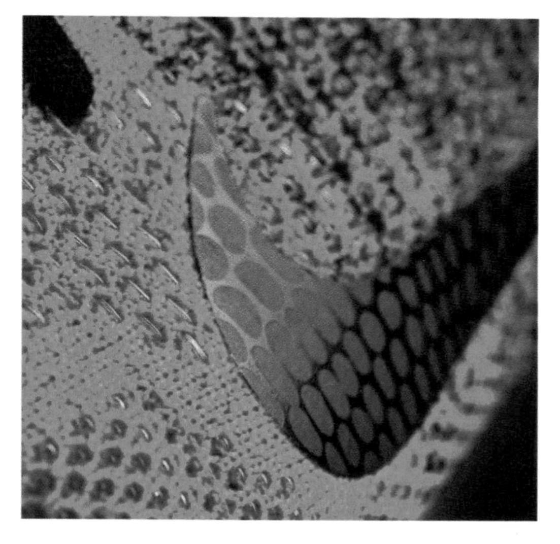

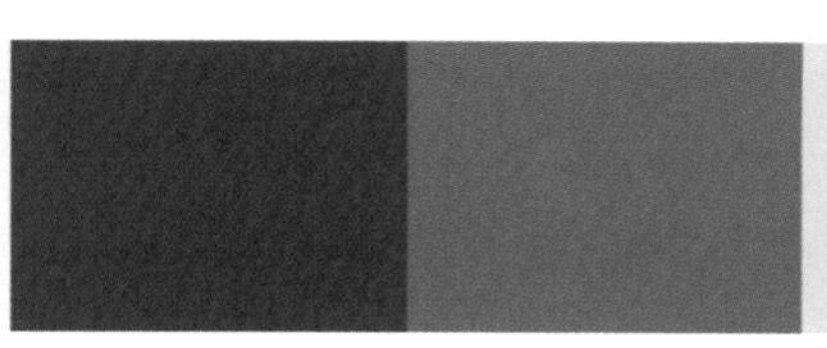

产品案例分析

“Mangos”水果篮

By Francois Dumas

产品介绍

“Mangos”水果篮是由法国设计师Francois Dumas设计的一款带有图案的水果篮。经过设计师充分的构思设计，每个水果篮首先由激光切割成大块有色聚氨酯泡沫，然后再手工组装。因为水果篮的材质很柔软，所以可根据其内部所装水果的大小和多少来改变形状，使得果篮能更稳定地盛放水果，并且果篮还可以对不同种类的水果进行分区盛放，方便使用。

color

在色彩上，“Mangos”水果篮选择清新自然的颜色进行组合搭配。清新自然的色彩首先在心理上给生活在复杂环境中的人们带来一种亲近自然、放松身心的感觉，而且此款水果篮有七种颜色的搭配组合，丰富的色彩组合让人们有更多的选择，用户可以根据自己的兴趣爱好，将其搭配使用在不同的色彩环境中。另外，水果篮所选色彩的明度都较低，是考虑到水果的色彩明度都较高，水果篮采用明度较低的色彩不会“喧宾夺主”，有助于凸显水果的鲜艳色泽。

material

“Mangos”水果篮选择了具有超高耐磨性和强韧性的聚氨酯材料，此种材料的弹性与 EVA（乙烯－醋酸乙烯酯共聚物）材料相仿，材料的高弹性使得用户可以根据水果的多少来调整水果篮自身的形状。

finishing

此款水果篮无须过多、过复杂的加工流程，只需要将原材料按照预先设定好的激光切割路线切割后，手工即可完成产品的组装。

PE
聚乙烯

关于聚乙烯

聚乙烯简称 PE，是乙烯经聚合反应制得的一种热塑性树脂，在生活中随处可见。聚乙烯无味，耐酸碱腐蚀，可回收利用。聚乙烯的典型特征包括优良的耐化学性、具有一定的韧性等。另外，聚乙烯摩擦系数小，吸水率低，价格便宜。以聚乙烯为基底，可拓展制造多种材料，并且性能优异，多被加工成生活用品，是世界上使用最广泛的塑料。

特性

加工手段多样
表面光滑
摩擦系数小
耐腐蚀
吸水性小
绝缘性优良
可回收

来源

多个全球供应商。

价格

0.13 美元 / 千克（参考）。

可持续性

聚乙烯是使用最广泛的再生塑料之一。热塑性塑料具有重新加热软化的特征，所以热塑性材料都是可回收的。如果随便丢弃它们，会对环境产生非常消极的影响，这种材料本身非常难以生物降解。

材料介绍

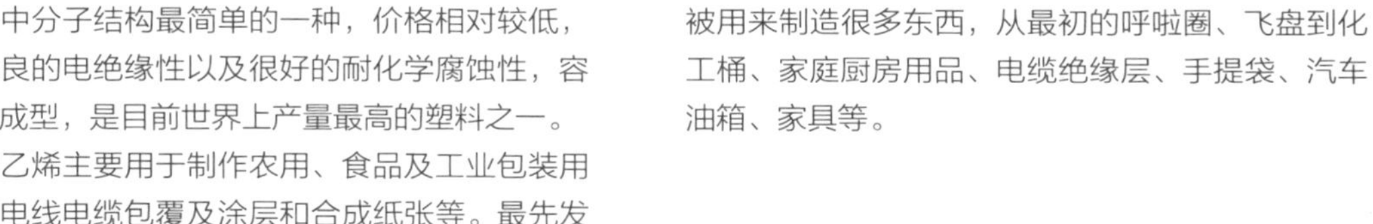

聚乙烯是由美国特百惠公司发明的一种材料，是塑料中分子结构最简单的一种，价格相对较低，具有优良的电绝缘性以及很好的耐化学腐蚀性，容易加工成型，是目前世界上产量最高的塑料之一。

聚乙烯主要用于制作农用、食品及工业包装用薄膜，电线电缆包覆及涂层和合成纸张等。最先发明的聚乙烯是低密度聚乙烯（LDPE 密度为 0.910~0.925g/cm^3），其次为高密度聚乙烯（HDPE 密度为 0.941~0.965g/cm^3）。一些大型的儿童玩具是由高密度聚乙烯制成的。

聚乙烯因为其价格便宜、易于加工的特点，已被用来制造很多东西，从最初的呼啦圈、飞盘到化工桶、家庭厨房用品、电缆绝缘层、手提袋、汽车油箱、家具等。

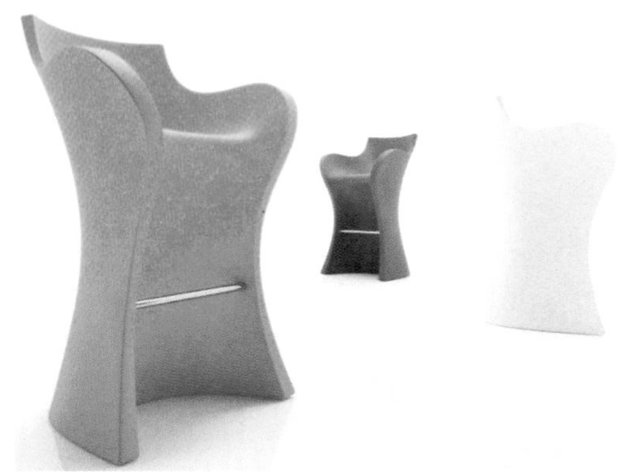

产品案例分析

Puppy 儿童椅

By Eero Aarnio

产品介绍

Puppy 是由设计师 Eero Aarnio 为 Magis 品牌设计的一个抽象狗形象的儿童椅，适合于户外使用。此款产品不仅是一个装饰性很强的塑料物品，而且能给孩子们的房间带来很多趣味性。就功能而言，Puppy 可以是一个雕塑品，还可以是一个玩具、一个小凳子，或者其他。

产品案例分析

color

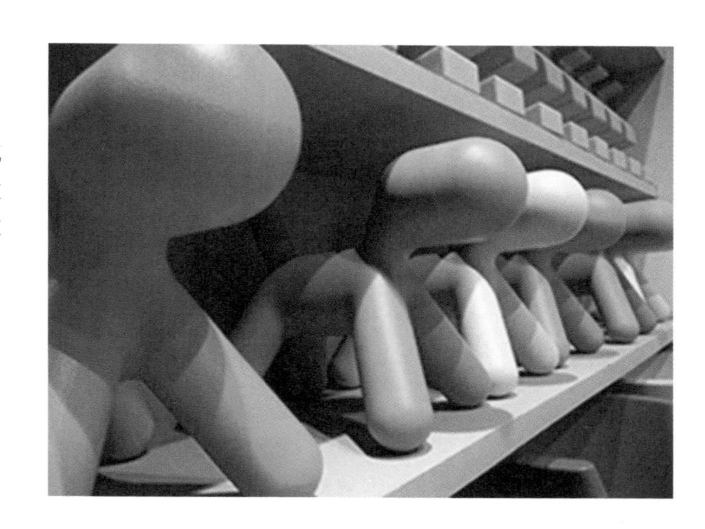

儿童产品的用色一般以活泼鲜明的纯色为主，鲜艳的色彩可以极大地吸引儿童的眼球。这款产品的色彩设计契合了儿童的心理，采用了高饱和度的纯色，有绿色、黄色、蓝色和黑色四种不同的颜色。

material

此款儿童椅是由 PE 材质制成的，这种材质具有的特征包括：①非常好的耐腐蚀性；②非常牢固；③拥有非常低的摩擦性和吸水性；④价格低，而且易加工；⑤易于制成各种颜色。基于以上优点，大部分塑料儿童家具都是由 PE 材料制成的。

产品案例分析

finishing

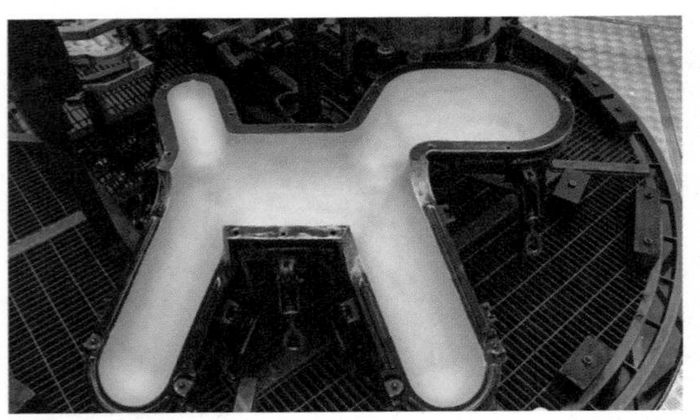

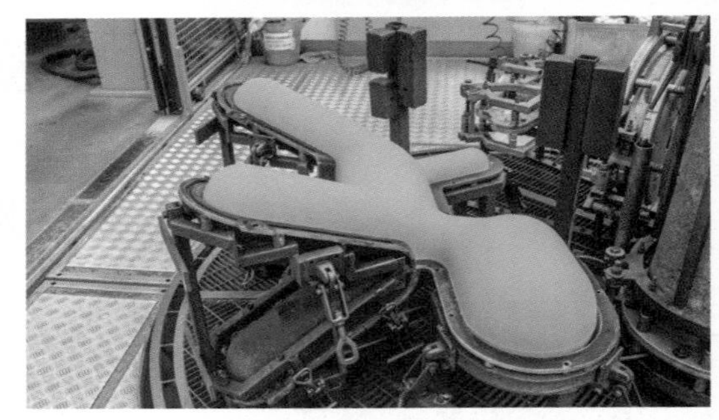
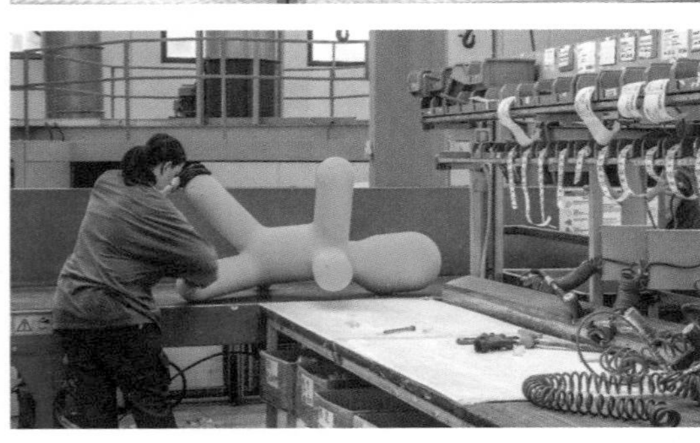

如同其他热塑性塑料一样，PE 可以通过几乎任何一种塑料加工方式进行制造，应用最多的加工方式为旋转成型（滚塑）和吹塑成型。旋转成型（Rotation Molding）是适合表面质量要求较高的产品的成型工艺，尤其适用于 PE、PA、PP、PVC、EVA 等塑料制品。Puppy 儿童椅就是根据自身的形状特点采用了旋转（滚塑）成型的加工方式。

旋转成型设计建议：应尽量避免带有尖角和硬边造型的产品。

产品案例分析

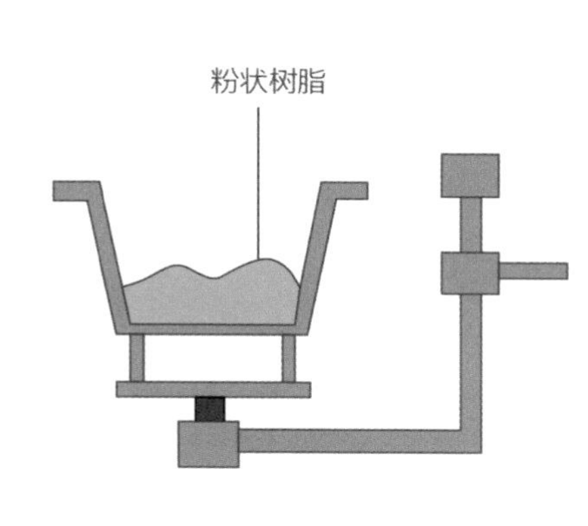

步骤1：加料

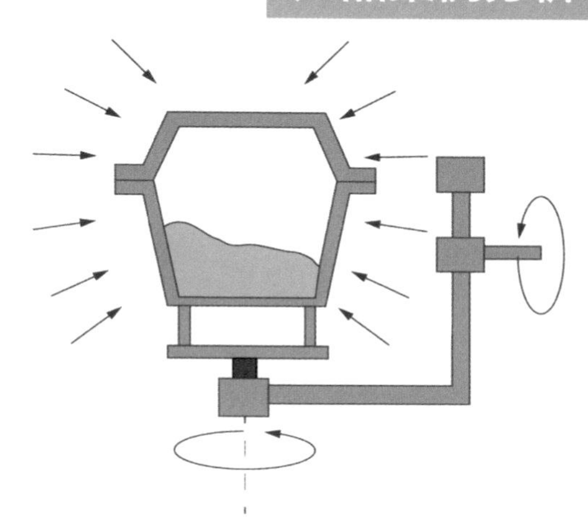

步骤2：旋转加热熔融

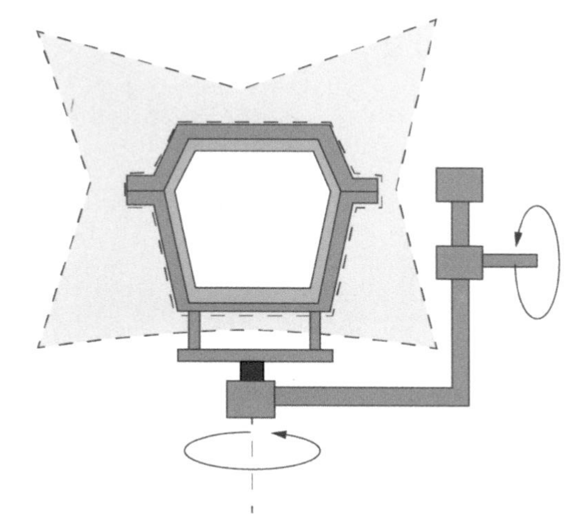

步骤3：旋转冷却固结

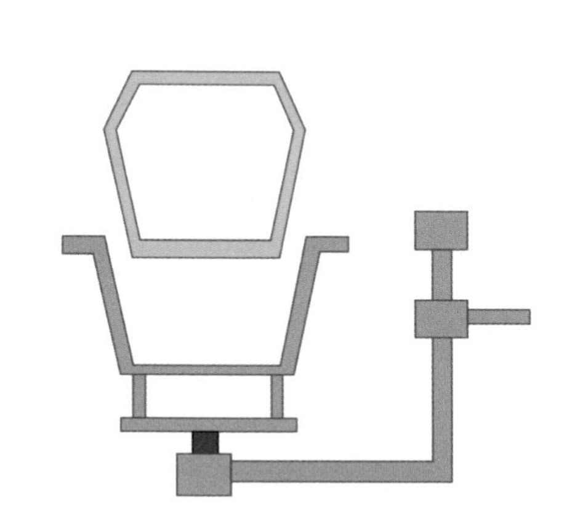

步骤4：开模取件

聚乙烯滚塑成型工艺流程

加工步骤如下。

步骤 1：将高分子聚合物颗粒倒入模具腔体内。

步骤 2：加热模具，使腔体内的高分子聚合物颗粒熔融，旋转模具，迫使熔融态的高分子聚合物在模具腔体内部成型。

步骤 3：注入空气至腔体，直至模具冷却。

步骤 4：脱模，完成。

工艺成本：加工费用中，单件费用中低。

典型产品：家具、玩具等。

产量：适合中小批量生产。

质量：成型的产品表面尺寸精确，成型后体积会缩小 3% 左右。

速度：单件生产时间长（30~60 分钟 / 件）。

Silica
硅胶

关于硅胶

硅胶又称硅酸凝胶，是一种高活性吸附材料，除强碱、氢氟酸外不与任何物质发生反应，不溶于水，无毒无味。硅胶的化学成分和物理结构，决定了它具有许多其他同类材料难以取代的特点，如吸附性能高、热稳定性好、化学性质稳定、有较高的力学强度等。各种型号的硅胶因其制造方法不同而形成不同的微孔结构。

特性

无毒无味
耐腐蚀性能优
耐热性能优
柔韧性极好
易于着色
吸附性能高
绝缘性好

来源

来源广泛。

价格

8.36 美元 / 千克（参考）。

可持续性

由于硅胶制品都是经过硫化成型的，其边角料、废料及废旧硅胶制品无法回收，这也无形中增加了材料成本，不利于环境保护以及可持续发展。

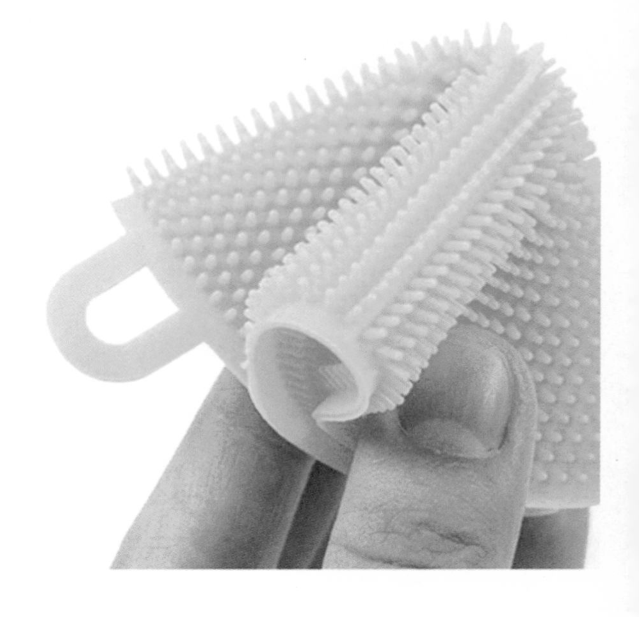

材料介绍

1943 年，康宁玻璃和陶氏化学的科学家开始生产由碳、氢、氧和硅制成的硅橡胶。该材料有许多引人瞩目的性能：手感良好、极为柔软、外观从水样半透明到完全不透明。它的工作温度范围从 -100℃到 250℃。硅胶呈化学惰性，化学惰性结合柔韧性，使它适合于广泛的医疗应用，包括假肢和矫形垫等。

硅胶还可以用来制作干燥剂，可以重复使用，用它作干燥剂时，吸水前是蓝色的，吸水后变成红色的，从颜色的变化可以看出吸水程度，以及是否需要再生处理。硅胶还广泛地用于蒸汽的回收、石油的精炼和催化剂的制备等方面。硅胶也可以被配制用于多种产品的功能改良，从墨水、涂料到纺织品、涂层。

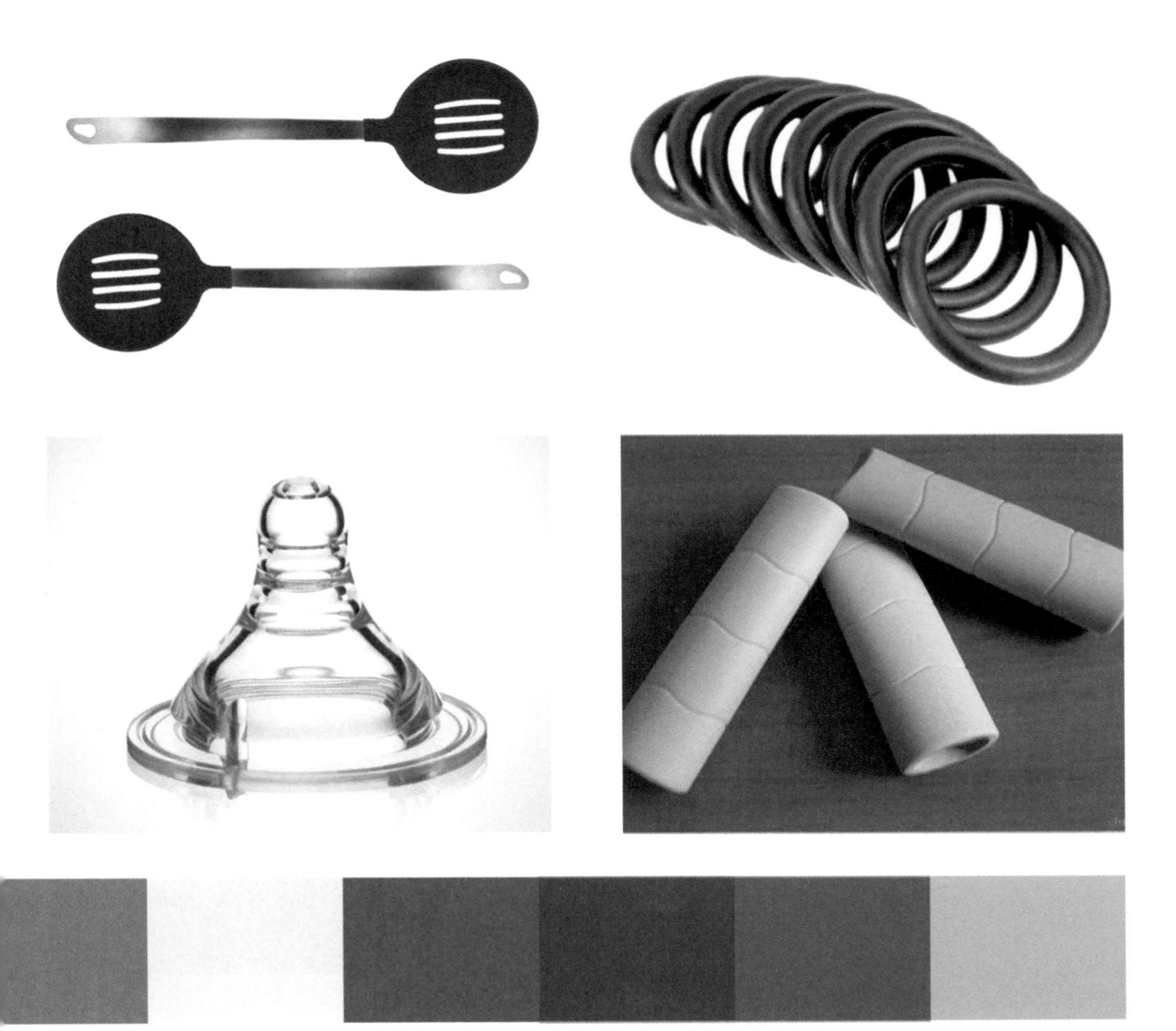

产品案例分析

烛台和香烛架

By Pierre Charpin

产品介绍

这是由 Pierre Charpin 设计的用硅胶材质制成的烛台和香烛架。他利用硅胶耐热和防水的特性，创造出适合日常生活的新产品。烛台和香烛架简约优雅的形式与现代生活方式完美契合。该产品在斯德哥尔摩家具展览会上获得了非常好的评价，现在由 SOGO 西武百货和 LOFT 出售。

color

此香烛架和烛台有绿色、红色、蓝色和白色四种不同的颜色，均为饱和度较低的颜色，这样的色彩在视觉上给人优雅、宁静的感觉，产品的颜色所反映出的气质与其简约优雅的造型相匹配。

material

这一款硅胶材质的烛台和香烛架的设计是对硅胶材质的一次积极且成功的探索和使用。一方面，这种材质耐热、耐寒、防水、具有绝缘性能，用来制作香烛架和烛台在安全上不会存在问题；另一方面，硅胶材质具有很好的延展性，容易折叠，便于包装运输。

产品案例分析

finishing

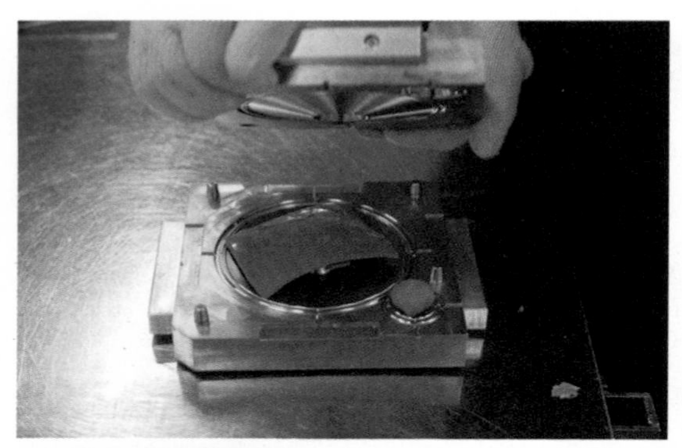

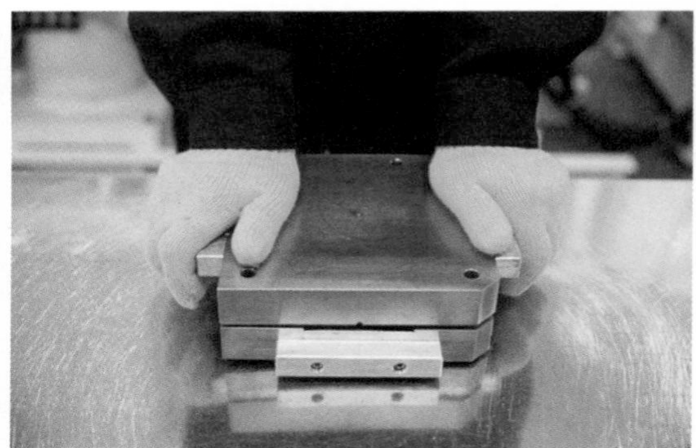

压塑成型（Compression Molding）发明于1920年，是人类最早掌握的塑料加工工艺，也是制造热固性塑料的代表工艺，适合绝缘绝热耐腐蚀产品部件的生产。

烛台和香烛架采用的是固态硅胶热压成型工艺。此种工艺利用油压机的温度和压力，借助模具将产品成型。这种工艺成本低，产量高，应用比较普遍，多用于单色的硅胶产品。它也可用于双色双硬度或多色多硬度的产品，但是产品的结构不灵活，受限制。它还可以应用于包裹塑胶与金属，但同样在结构上不灵活，而且要求所包物件要耐180℃以上高温不变形。

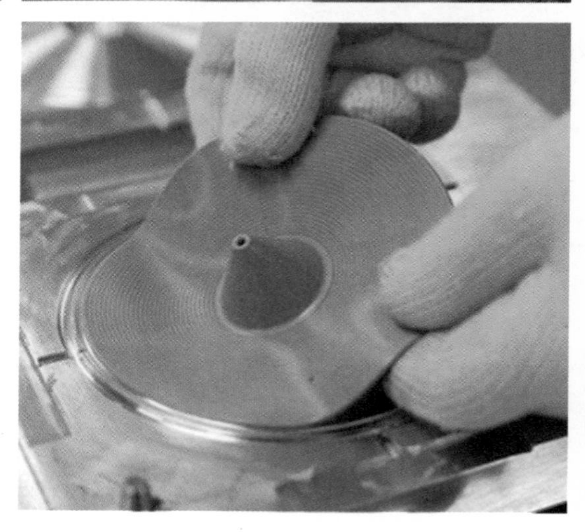

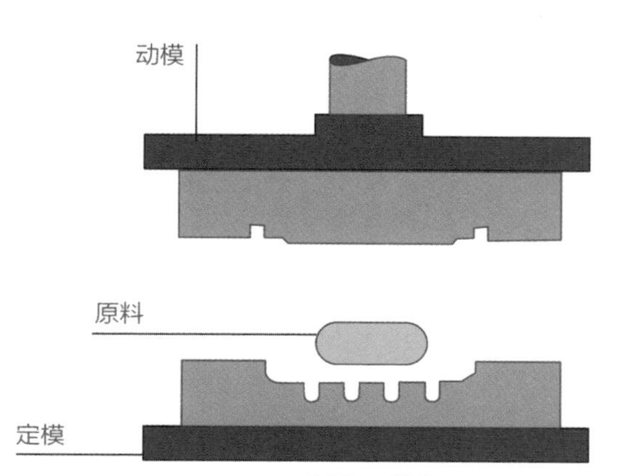

步骤1：装载

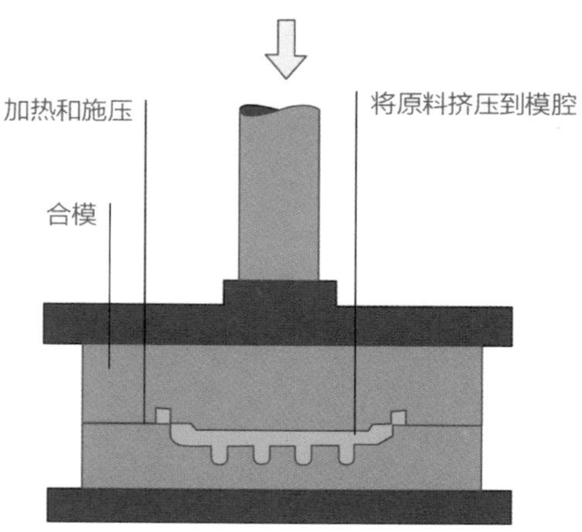

步骤2：成型

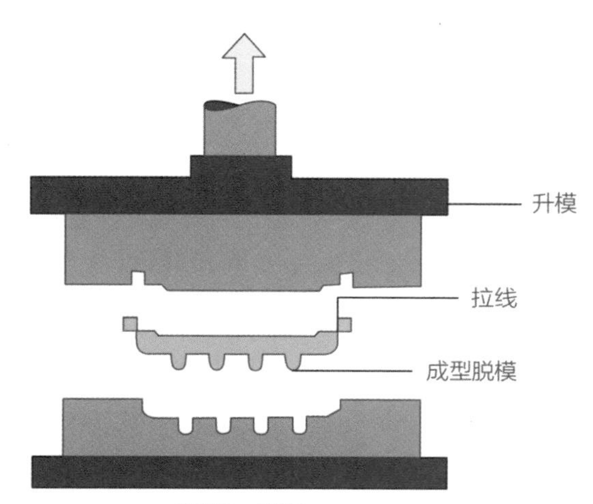

步骤3：脱模

工艺成本：加工费用中，单件费用低。

典型产品：电子产品外壳、按键、键盘膜、垫圈、鞋底等绝缘绝热防腐蚀产品部件。

产量：适合中、大批量生产。

质量：表面精度高。

速度：橡胶件制造周期大约 10 分钟，塑料件制造周期大约 2 分钟。

压塑成型工艺

加工过程如下。

步骤 1：将定量的加入硫化剂的固体硅胶原料放在模具里；

步骤 2：加热模具后，上下两片模具合并，原料在高温和压力下，紧贴模具内壁成型，10 分钟后成型完毕；

步骤 3：脱模，传送至修边环节。

设计建议：

① 拔模角度可以小于 0.5°；

② 适合 0.1~ 8kg 的产品成型；

③ 适合产品壁厚为 1~50mm 的产品成型；

④ 不建议产品壁厚过厚，易出现气泡。

PA 尼龙

关于尼龙

尼龙又称聚酰胺纤维（锦纶），英文名称为Polyamide（简称PA）。尼龙是美国一家公司最先开发的，于1939年实现工业化。人们于20世纪50年代开始开发和生产注塑制品，以取代金属满足下游工业制品轻量化、低成本的要求。PA具有良好的综合性能，包括力学性能、耐热性、耐磨损性、耐化学药品性和自润滑性，且摩擦系数低，有一定的阻燃性，易于加工。PA可以用玻璃纤维和其他填料填充以增强性能、扩大应用范围。

特性

摩擦系数低
耐磨性能优
强度高
耐高温
电绝缘性好
防潮性差
染色性差

来源

多个全球供应商。

价格

4.48美元/千克（参考）。

可持续性

普通的PA是可以回收再利用的，但是一些加强型PA，比如玻璃纤维加强型PA就很难被回收再利用。

材料介绍

作为一种模塑材料，尼龙已经进入金属的应用领域很多年。聚酰胺可由二元胺和二元酸制取，根据二元胺和二元酸或氨基酸中含有碳原子数的不同，可制得多种不同的聚酰胺尼龙，包括尼龙 66、尼龙 612、尼龙 46 等。通常这些品种的力学性能相似，数字越小，熔点越低，也越轻。尼龙 6 和尼龙 12 是较为复杂的品种，尼龙 66 和尼龙 6 是两个最主要的品种。

尽管尼龙具有优良的强度、硬度和韧性，但是其最主要的缺点是防潮性差，这会减弱材料的强度。由于黏性低，尼龙很难被挤出，但适合标准注塑成型。它能够被纺成纤维，挤压成多层薄膜用来做瓶子。

从牙刷的刷毛到鞋底，聚酰胺纤维几乎渗透到了我们日常生活的方方面面。玻璃纤维增强的聚酰胺纤维在许多方面能够替代金属材料，包括家具的结构部件及体育器材。它还可以用于织物、地毯、乐器的弦、安全带、齿轮轴承和凸轮。尼龙薄膜可用于食品包装，韧性高、透气性好，并且由于其良好的耐热性，也可以用于袋煮食品的包装。

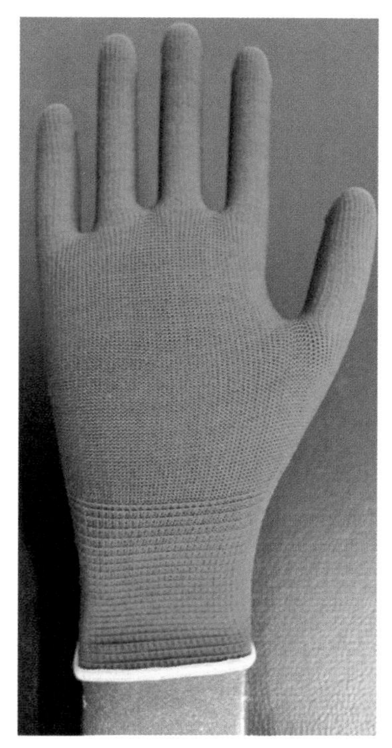

产品案例分析

花瓶

By Libero Rutilo

产品介绍

这是意大利设计师 Libero Rutilo 推出的一款独特的花瓶作品，创造性地将 3D 打印与回收利用两种趋势结合在一起，为废旧塑料瓶创造出一种全新的用途。此款产品的全系列包含多种不同的图案风格，都可以轻松将废旧塑料瓶通过旋转瓶口固定在其中。

color

这款产品在色彩的选择上采用了无彩色中的黑色，黑色可以定义为没有任何可见光进入视觉范围，和白色正相反。黑色代表着“秘密”、“隐蔽”和不确定，黑色为蛛网结构的花瓶增添了一份神秘感，让人忍不住想要探寻蛛网花瓶内的奥妙。

material

3D 打印技术对设计限制少，不需要考虑加工和装配，一些活动件和配合件只要设计合理，可实现一次成型。尼龙是 3D 打印材料里用途比较广泛的材料，材料强度高且有一定的柔韧性，可以打印有一定功能的产品和各种复杂的设计。但尼龙材料吸水性强，当尼龙材料受潮时，打印过程中材料中的水会受热产生气泡，影响层与层之间的黏合，并且大大地影响部件的成型效果，影响模型的表面质量。要想 3D 打印作品成功，必须保证材料是干燥的。

产品案例分析

finishing

设计师将 3D 打印技术融入设计之中，采用了废物回收利用的设计理念，通过巧妙的方式让废旧塑料瓶重焕新生。Rutilo 设计的 3D 打印花瓶有多种不同的风格，每种风格都通过 3D 打印技术展现出一种独特的美学特征。“蛛网花瓶”是该系列中最具有机特征的一款，带有仿生图案；而“蜿蜒花瓶”则由多条上下起伏的曲线组成波浪的图案；“蕾丝花瓶”的图案灵感则来源于钩花编织的蕾丝；“针织花瓶”则是这一系列中做工最为精细的一款。

3D 打印技术出现在 20 世纪 90 年代中期，是快速成型技术的一种。它是一种以数字模型为基础，运用金属或塑料等可黏合材料，通过逐层加工的方式来构造物体的技术。打印机内装有液体或粉末等“打印材料”，与电脑连接后，通过电脑控制把“打印材料”一层层叠加起来，最终把计算机上的数据模型变成实物模型。

3D 打印常在模具制造、工业设计等领域被用于制作模型，后来又使用这种技术打印零部件，再后来逐渐用于一些产品的直接制造。目前该技术在珠宝、鞋类、建筑、工程和施工（AEC）、汽车、航空航天、医疗、食品、教育、地理信息系统、土木工程、枪支以及其他领域都有所应用。

3D 打印与传统模型加工制造相比具有以下优势：（1）打印的零件精度高；（2）产品制造周期短，制造流程简单；（3）可实现个性化制造；（4）制造材料多样；（5）可完成一些形状相对复杂的零件。

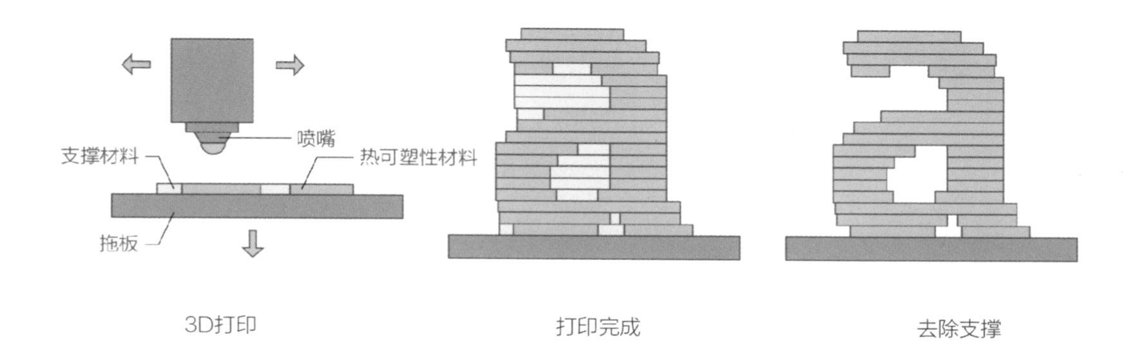

打印过程如下。

① 3D 设计：首先通过计算机建模软件建模，再将建成的三维模型“分层”（即切片），从而指导打印机逐层打印。

② 切片处理：打印机通过读取文件中的层片信息，用液体状、粉末状、熔融状或薄片状的材料将这些层片逐层打印出来，再将各层片以各种方式黏合起来从而制造出一个实体。这种技术的特点在于其几乎可以造出任何形状的物品。

③ 完成打印：3D 打印机的精度对大多数应用来说已经足够，但在弯曲的表面和斜面可能会出现“台阶现象”。可以通过打印出稍大一点的物体，再经过表面打磨的方式得到表面光滑的物品。

传统的制造技术如注塑成型法可以以较低的成本大量制造产品，而 3D 打印技术则可以以更快、更低成本的办法生产数量相对较少的产品。一个桌面尺寸的 3D 打印机就可以满足设计者或概念开发团队制造模型的需要。

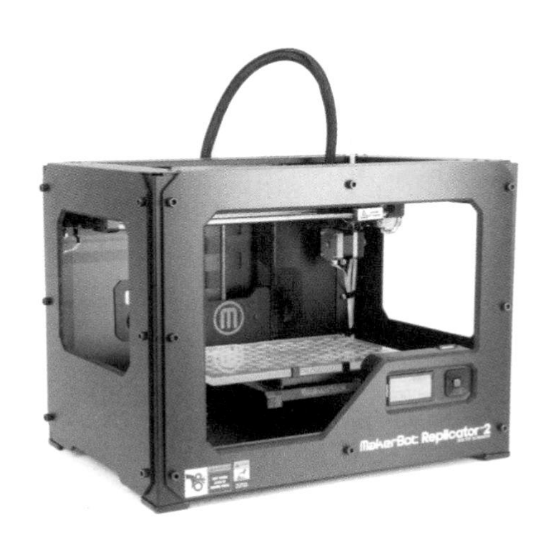

PMMA
有机玻璃

关于有机玻璃

聚甲基丙烯酸甲酯的缩写代号为 PMMA，俗称有机玻璃，是迄今为止合成透明材料中质地最优异、价格比较适宜的品种。有机玻璃具有高透明度、低价格、易于机械加工等优点，经常被用作玻璃的替代材料。在应用方面，由于 PMMA 是无毒环保的材料，可用于生产餐具、卫生洁具等，具有良好的化学稳定性和耐候性。

特性

纯净度极佳
耐腐蚀性良好
硬度好
刚度好
加工方法多样
着色力强
可回收

来源

供应商遍布全球。

价格

1.94 美元 / 千克（参考）。

可持续性

石油基产品不符合可持续发展的总体趋势。不过，PMMA 可以重新研磨、熔化并压制成新产品。

材料介绍

有机玻璃几乎能制成任何形状，而且还可以达到玻璃的效果。透明感是传达产品高价值的一个重要视觉因素，而塑料中透明度最高、使用最广泛的材料就是 PMMA(有机玻璃)。

PMMA 和玻璃一样容易碎裂，可以与其他塑料如 PVC 等共混来提高其抗冲击强度。就透明度而言，另外一些材料也具有较高的透明度，如 PS、PC、PET 和 SAN。与 PC 相比，PMMA 的透明度更好，但韧性相对要低，两者在视觉上很难区分。在价格上，PMMA 介于 PS 和 PC 之间。

产品案例分析

“Light Space”吊灯

By Jade Doel

产品介绍

新西兰设计师 Jade Doel 设计的 Light Space 是一款圆盘状的吊灯，由五部分组成，支持多种模式，其光源是两个独立的 LED 灯。Light Space 适用于现代家居环境中的开放式餐厅。它不仅可以照亮空间，还让空间变得更亲密、更有趣，为用户提供了一个边吃饭边欣赏星空的机会。

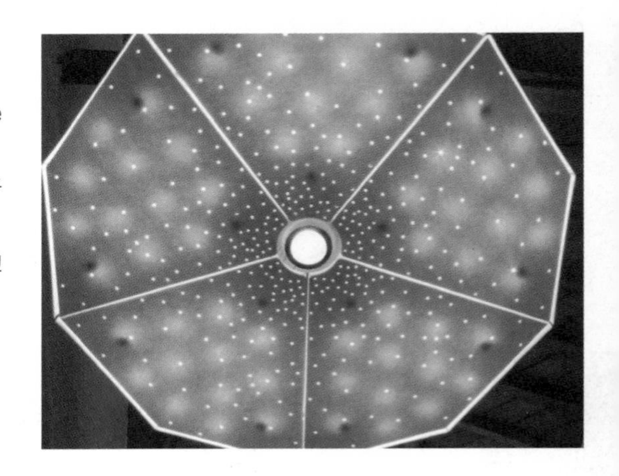

color

色彩是 CMF 设计中最具有表现力的元素。目前市场上现有吊灯的灯罩为了与灯光色彩搭配，营造出典雅感、简约感、现代感等较为普适的风格，大都采用以黑、白、灰为主色调的中性色。这款吊灯的特别之处在于巧妙利用了光和玻璃之间的照射关系，灯罩采用有机玻璃进行拼接，内部布满了大小不等的 LED 光源，灯光为柔和的暖色调。LED 发光片散发的柔光像星云一样点缀其间，浪漫迷人，整个屋子都会因它的出现而呈现出别样的美感。由下往上看，Light Space 就如同夜空中的繁星，美轮美奂，给餐桌增添了一抹情调。

material

这款吊灯采用了美国白蜡木、有机玻璃、LED 光源、工业电线电缆等多种材质。工业电线电缆起到了支撑圆盘以及与天花板连接的作用。有机玻璃先被分割成不规则的形状，然后进行拼装。同时，对有机玻璃表面进行了磨砂处理，使内部的光线柔和地透射出来，不会刺眼。白蜡木的质感和色彩与有机玻璃合理搭配，相得益彰，配上大小不一、形状各异的灯，重新定义了“可视空间”，并烘托出浓厚的诗意。

产品案例分析

finishing

Light Space 吊灯的主要材料为平板有机玻璃，平板有机玻璃主要采用浇铸成型的加工方式。浇铸成型是塑料加工的一种方法。早期的浇铸是在常压下将液态单体或预聚合物注入模具内，经聚合而固化成型变成与模具内腔形状相同的制品。

20 世纪初，酚醛树脂最早用浇铸成型法。20 世纪 30 年代中期，人们用甲基丙烯酸甲酯的预聚合物浇铸成有机玻璃。第二次世界大战期间，开发了不饱和聚酯浇铸制品，其后又开发出环氧树脂浇铸制品。20 世纪 60 年代出现了尼龙单体浇铸制品。

目前的浇铸成型法是用挤出机挤出熔融平膜，流延在冷却转鼓上定型，制得聚丙烯薄膜，也被称为挤出－浇铸法。浇铸成型一般不施加压力，对设备和模具的强度要求不高，对制品尺寸限制较小，制品中内应力也低。因此，浇铸工艺的生产投资较少，可制得性能优良的大型制件，但生产周期较长，成型后须进行机械加工。

产品案例分析

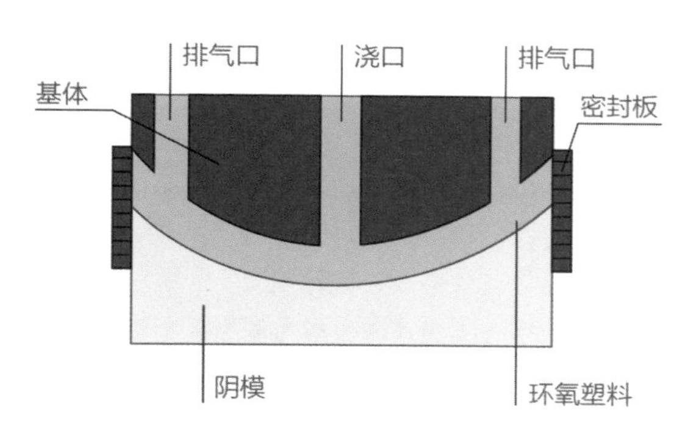

水平式浇铸

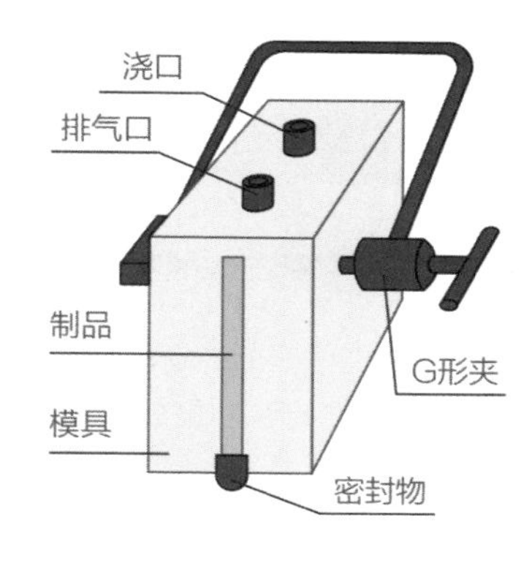

侧立式浇铸

有机玻璃板材是一种重要的浇铸制品，既可单件浇铸，也可连续浇铸。单件浇铸是把甲基丙烯酸甲酯单体或预聚合物注入表面光洁度很高的两块平板玻璃所组成的模具中，经过一定程序的加热，单体全部聚合，即可得到制品。连续浇铸是将物料浇在两个平行、连续、无端、高度抛光的不锈钢带之间，单体在运行的载体上完成聚合反应。

设计建议：

① 模具应清洁、干燥；

②将原料注入模具时要避免带入气泡，之后将模具封闭；

③ 消除制品内应力，提高表面抗裂性。

前期准备：配置原料（液状单体、部分聚合或缩聚的浆状物以及聚合物与单体的溶液）。

加工过程如下。

步骤 1：将准备的液体与催化剂浇铸入模，使其完成缩合或聚缩反应；

步骤 2：控制温度，等待反应物固化；

步骤 3：从模具中取出制品，进行后处理。

工艺成本：加工费用中，单件费用低，价格随厚度的增加而上涨。

典型产品：橱窗、灯箱、工艺品、水族箱、仪器表面板、吊灯、果盘等。

产量：适合中、大批量生产。

质量：高度透明性，强度高，重量轻，易于加工。

速度：成型周期长，温度控制要求高。

PP
聚丙烯

关于聚丙烯

聚丙烯（Polypropylene，PP）是一种半结晶的热塑性塑料，具有较高的耐冲击性，力学性能好，抗多种有机溶剂和酸碱腐蚀。PP 无毒无味可回收，强度、刚度、硬度、耐热性、耐磨性、耐化学性、高频绝缘性均优于聚乙烯，但低温下易脆化。因无毒性、耐酸碱性和耐热性优异，PP 在食品相关产品领域应用广泛，还可用于医疗器械与高频绝缘材料。PP 的抗弯曲疲劳性优异，可以弯折数百次不断，俗称百折胶。

特性

耐高温
耐多数酸碱
表面硬度高
价格便宜
弯折能力优异
加工方法多样
食品级
可回收

来源

供应商遍布全球。

价格

1.58 美元 / 千克（参考）。

可持续性

作为主要的通用塑料之一，聚丙烯的可回收标志是带有数字 5 的三角形图标，目前已有高效的回收方法。

材料介绍

PP 是承受反复弯曲性能最强的通用塑料，还是易于着色的材料，这两点是聚丙烯的两个主要特征。聚丙烯耐高温，用其制成的食品容器可以放到洗碗机里清洗或者放入微波炉中加热。聚丙烯具有良好的韧性、耐化学性，能够制成内置的活铰链，就像牙膏盖上的铰链一样，打开上百次也不会断。聚丙烯和其他通用塑料聚乙烯、聚苯乙烯一样，性价比较高，这也是其能够广泛用于各类消费产品的原因，尤其是数以亿计的塑料篮，世界各地的商店每天都在出售。

聚丙烯（PP）和聚乙烯（PE）特性相似，但聚丙烯密度更低，聚乙烯的软化点为 100℃，聚丙烯的软化点则高达 160℃。聚丙烯适合加入玻璃纤维来提高强度和刚性，使它适合用来制造家具等大规模生产的产品。

产品案例分析

“雪屋”猫砂盆

By 马文飞

产品介绍

这款产品是为猫咪设计的猫砂盆，名叫“雪屋”。这个猫砂盆获得了 2016 年德国红点设计奖。“雪屋”的灵感来自北极因纽特雪屋，设计师希望把雪地静谧、柔和的气氛带到家中，这很符合猫咪神秘、温暖的气质。“雪屋”不仅好看，它的实用性、舒适性都颠覆了市面上几乎所有的猫砂盆。

color

雪屋在设计的时候模仿了因纽特雪屋的外观，在色彩上，猫砂盆除了纯白色，还设计了粉红色、淡蓝色这些淡雅的颜色，放在家里也是一个非常可爱的小摆设，与家居环境协调。

material

雪屋的材质是PP，表面是半透光的磨砂质感。雪屋内部比外面环境暗一些，是猫咪最喜欢的弱光环境，猫咪进去之后很隐蔽，在里面特别有安全感。另外，PP 材质具有极强的抗疲劳性，适合用于整体铰链和卡扣的生产，还可以很方便地进行焊接和机加工连接。PP 的表面有蜡一般的质感，不适合在表面进行喷涂处理。

finishing

此款猫砂盆因为内部结构较为复杂，且需要较为精确的加工精度，因此在加工工艺的选择上采用了注塑成型的方法。这种加工方法加工的制品尺寸精确、产品易更新换代、能制成形状复杂的制件，以上优点完全适用于此款产品所要求的加工性能。

PVC 聚氯乙烯

关于聚氯乙烯

聚氯乙烯，英文简称为 PVC，是氯乙烯单体（VCM）按自由基聚合反应机理聚合而成的聚合物。PVC 在粉末状态下为白色或微黄色。多数 PVC 性能优良，对紫外线敏感，容易因高温分解有毒气体并导致本身快速老化。因价格低、成型方法广泛，聚氯乙烯及其改性原料广泛应用于农业薄膜、线材、玩具、开关建材等领域。

特性

力学性能良好
对光热稳定性差
具有阻燃自熄性
吸水性小
绝缘性优良
耐一定酸碱化学品腐蚀
可回收

来源

供应商遍布全球。

价格

1.24 美元 / 千克（参考）。

可持续性

PVC 涉及很多健康问题，但在热塑性形式下可以被回收，可回收标志是数字 3。

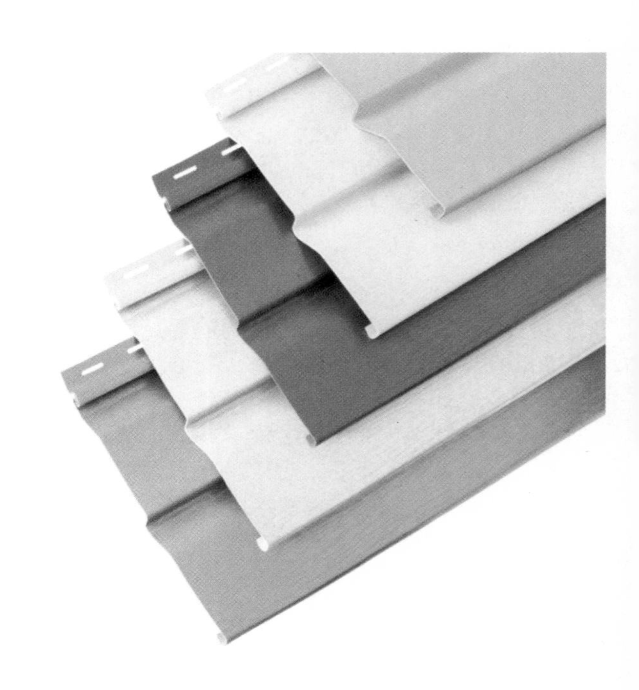

材料介绍

PVC 为无定形结构的白色粉末，密度为 1.4g/cm³ 左右，玻璃化温度为 77~90℃，在 170℃左右开始分解，对光和热的稳定性差，在 100℃以上或经长时间阳光曝晒就会分解而产生氯化氢，并进一步自动催化分解，引起变色，物理性能也迅速下降，在实际应用中必须加入稳定剂以提高对热和光的稳定性。

PVC 价格便宜，经常被用于仿制天然材料，如人造皮革等。从信用卡到屋顶膜，很多产品中都有它的影子，早已成为廉价的代名词。

PVC 的组成成分的 50% 来自非石油基，因此它成本低、价格稳定。再加上 PVC 加工简单的特点，这些使它成了世界上使用最广泛的塑料之一。PVC 的用途极广，可加工成热固性塑料，也可加工成热塑性塑料，还可加工成橡胶形式。从粉状、有干燥感的 PVC 原料，到橡胶一样的质感，再到带一点黏性的儿童用充气游泳池，其感观也呈现多元化。

产品案例分析

乳酪拖鞋

By Satsuki Ohata

产品介绍

这是由来自日本东京的设计师 Satsuki Ohata 设计的一款鞋子。当 Satsuki 把蔬菜侵入融化了的奶酪里时，他便产生了设计乳酪拖鞋的灵感。这种鞋子以真人脚部为模型，通过“浸泡”自己的双脚而制作出与自己的双脚完美匹配的鞋子。用户可以将鞋的脚后跟折叠在脚下作为拖鞋在室内使用，也可以不折叠鞋子的脚后跟去室外作为跑步鞋使用。

color

这款鞋通过多种炫彩颜色的变化打造了系列化的产品，使得产品成为销售货架上一道亮丽的风景线。从色相上来看，鞋子在配色上采用高纯度的多彩色系和白色、灰色等中性色系。多彩色系的诱目性强，增强了产品的表现力，容易引起消费者的关注。鞋的配色集中于两种搭配风格，一种是体现青春时尚的多彩色调，另一种则是体现沉稳大气的中性色调，这样的色调分布可以满足不同年龄及性别的消费者的不同色彩需求。

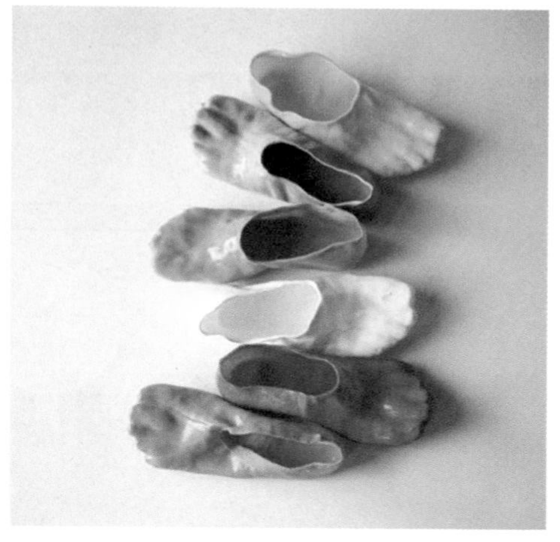

material

PVC 的表面光滑，可以附着各种丰富的颜色。光滑的 PVC 材质表面如肌肤般合脚。PVC 材质制成的鞋子，不仅可回收，体现环保的理念，还易于清洁。更重要的是，它的制作成本非常低廉。

产品案例分析

finishing

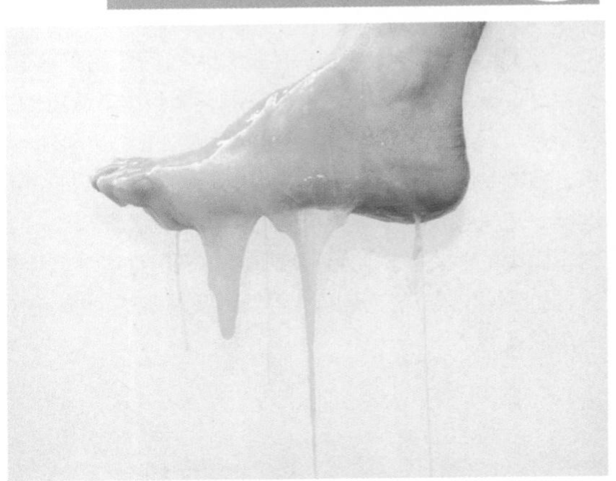

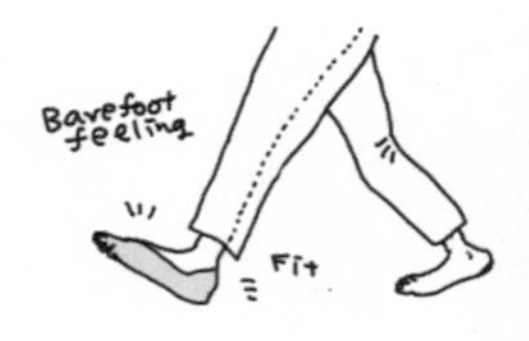

材料的加工工艺是实现设计师对材料和色彩设计意图的重要途径。这款鞋子将人的双脚浸入液态的 PVC 材质中，然后将已经附着在双脚上的一层 PVC 材质进行干燥处理，即可完成一双鞋子的制作。PVC 本身为微黄色半透明状，有光泽，在制作鞋子的过程中往材料中加入颜料，即可制成绚丽多彩的鞋子。

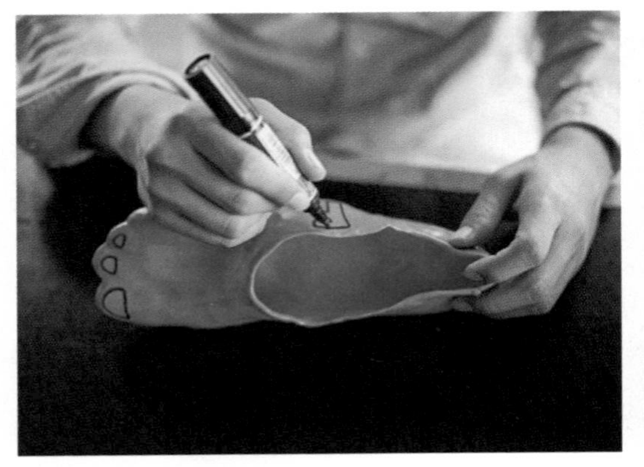

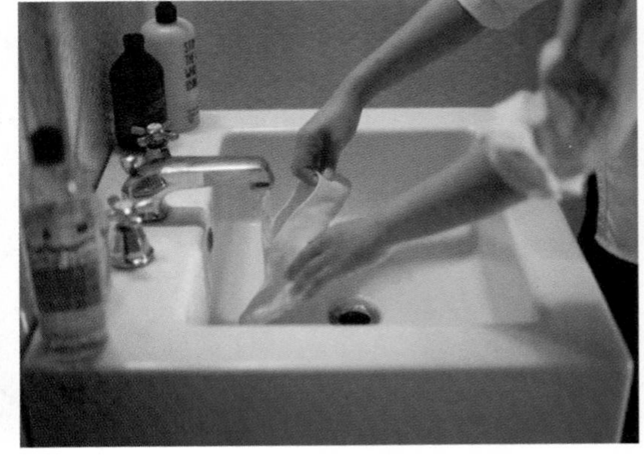

产品案例分析

浸渍成型是一种低成本的生产热塑性产品的加工方法。浸渍成型的实质是一种涂布方法，适用于用柔性和半刚性材料来制造半中空和包覆产品。浸渍成型的特点是普遍适用，它只需要使用一个阳模就可以完成生产，且成本较低。所有材料都可以成为模具，只要使用合适的脱模剂就可以运用浸渍成型来生产产品。

除此之外，浸渍成型还可提供功能上的益处，例如形成更好的电绝缘性。聚氯乙烯（PVC）涂层常用于电气产品、金属工具和手柄。PVC 是用于浸渍成型的最常用材料，但由于二噁英在生产和焚烧过程中会释放出有害有机化合物，在生产过程中需要注意环境保护，可以使用其他材料，包括尼龙、硅树脂、胶乳和聚氨酯来替代 PVC。

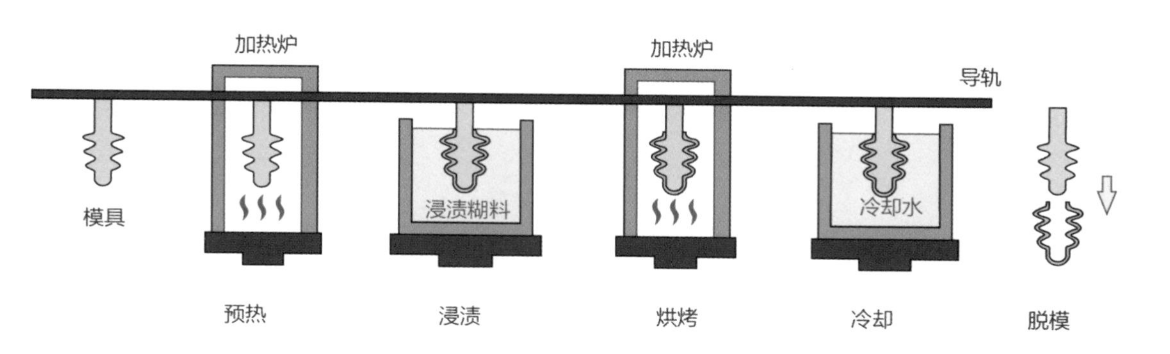

浸渍成型流程

浸渍成型工艺包括预热、浸渍、烘烤、冷却和脱模。当自动化连续生产开始后，模制速度会非常快，以至于当同时处理多批材料时，这 3 个阶段可以同时进行。

加工步骤：

① 预热。加热后的阳模会用浸渍成型的稀释硅氧烷溶液或用于浸渍涂布的底漆进行涂布。

② 浸渍。将模具定位于装有液体塑料溶胶 PVC 的罐箱的上方。罐箱上升将模具浸没到填充线，模具与增塑溶胶接触的部分表面形成聚合的 PVC。壁厚迅速累积，之后模具逐渐冷却，壁厚继续积聚，但是聚合速度会减慢。模具在液体聚合物中的停留时间通常为 20 ~ 60s。如果需要增加壁厚，模具需要加热更长时间，或者用其他方法来维持更高的温度和更长的高温时间。

③ 烘烤。将凝胶部分从增塑溶胶中取出并放置在烘箱中以完全固化。产品在烘箱中达到一定柔韧性，这使得产品更容易从模具中移除。

④冷却。进行水浴冷却，使产品降温。

⑤脱模。用压缩空气等方法脱模，脱模之后等待 PVC 自然硬化成型。

CA
醋酸纤维素

关于醋酸纤维素

醋酯纤维素，又称 CA、醋纤、乙酸纤维或乙酸纤维素。它是人造纤维的一种，是以纤维素为原料，经化学法转化成醋酸纤维素酯制成的化学纤维。醋酸纤维素是由纤维素和乙酸两个主要的聚合物组成的，其中纤维素天然存在，可从山毛榉木纸浆中进行提取。醋酸纤维素综合了许多有效的物理性能，如韧性和光学透明度。

特性

韧性好
源于可再生能源
自抛光
手感温暖
可手工打磨
耐腐蚀性差
可回收

来源

醋酸纤维素来源广泛。

价格

0.75 美元 / 千克（参考）。

可持续性

醋酸纤维素使用木浆作为部分组成要素，这意味着和其他大多数塑料相比，使用的石油较少。

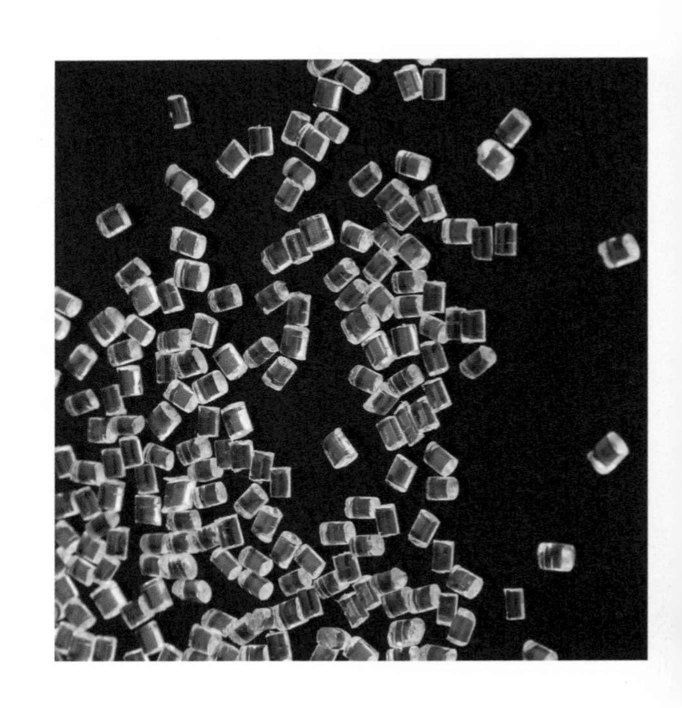

材料介绍

醋酸纤维素是纤维素与醋酸或醋酐在催化剂作用下进行酯化而得到的一种热塑性树脂。醋酸纤维素是纤维素衍生物中最早进行商品化生产的，并且不断发展，属热塑性材料。醋酸纤维质量越高，光泽度和透明度越好。很多板材眼镜用这种材料制成，具有深色光泽和高透明度。

按照酯化度不同，醋酸纤维素可分为二醋酸纤维素和三醋酸纤维素。二醋酸纤维素塑料可用作各类工具手柄、计算机及打字机的按键、电话机壳、汽车方向盘、纺织器材零件、收音机开关及绝缘件、笔杆、眼镜架及镜片、玩具、日用杂品等，也可用作海水淡化膜。三醋酸纤维素熔点高，只能配成溶液后加工，用作电影胶片片基、X 光片基、绝缘薄膜电磁、录音带、透明容器、银锌电池中的隔膜等。

醋酸纤维素的另一个重要用途为制造香烟过滤嘴，它有明显的降低焦油含量的作用。醋酸纤维素能吸收约为本身重量 6.5% 的水分，加热时会软化，在 232℃左右熔融，能燃烧，但不易着火。长期存放和经阳光暴晒后强度稍有降低，但不影响色泽。

醋酸纤维类塑料的替代品有醋酸丁酸纤维素 (CAB) 及丙酸纤维素 (CAP)，CAB 的软化点比醋酸纤维素高，具有良好的抗紫外线能力，这使其成为户外用品的热门选材。

产品案例分析

太阳镜

By ZANZAN EYEWEAR

产品介绍

来自英国伦敦的 ZANZAN EYEWEAR 由设计师 Megan Trimble 与 Gareth Townshend 于 2011 年共同创立。“ZANZAN”一词，源自 20 世纪 60 年代伦敦 Soho 区青少年用来形容首次穿上新行头外出的愉悦心情。ZANZAN 所有产品均在伦敦设计，并在意大利北部手工制作，专注于工艺。这款 ZGIL3 Gilot 太阳镜采用醒目的方形款式，玳瑁色的透明醋酸纤维镜架搭配棕色镜片，镜架均采用意大利高质量醋酸纤维素制成。比例精准的框型设计与独到的美感令人折服，如万花筒般的板料色泽更是别出心裁。

color

玳瑁是海龟的一种，是国家保护动物，因其壳有美丽的纹路，常被用于制作眼镜架、手镯及其他饰品，但玳瑁色很难确定具体是哪种颜色。玳瑁色与琥珀色易混淆，颜色比琥珀色更深。相对于黑色的低调，玳瑁色显得张扬和个性一些，更偏向时尚，让人显得与众不同，绚丽斑斓的色彩有着让人牢记在心的神奇魔力。

material

板材架由醋酸纤维板材铣切加工而成，而醋酸纤维板则是由醋酸纤维颗粒通过注塑机挤压成型的。醋酸纤维比其他塑料更适合用于眼镜，主要是因为其独特的特性，包括不伤害环境、由可再生材料制成、低过敏性、颜色丰富。醋酸纤维板材经过切削、打磨、抛光等复杂工序成为板材架后，具有不易燃烧、密度小、几乎不受紫外线的照射而变色等特点，并且硬度较大、光泽度好、耐用，制作出来的眼镜款式美观，不易变形。

产品案例分析

finishing

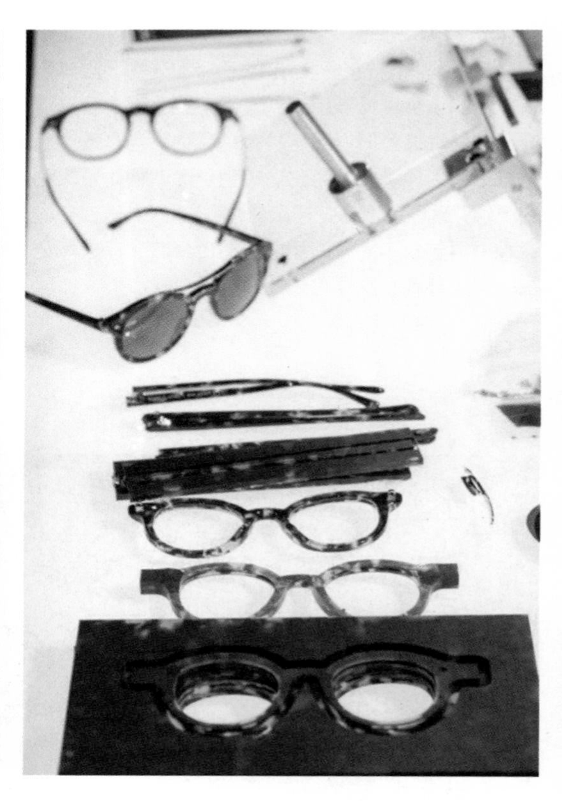

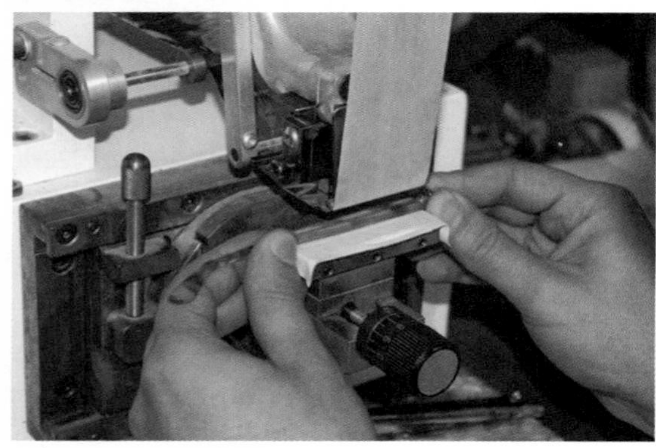

市场上用醋酸纤维素制作的镜架分两种：一种是用醋酸纤维颗粒通过注塑机挤压成型的，称为注塑架；另一种是用醋酸纤维板材铣切加工的，称为板材架。板材架是通过对板料进行仿形铣切，再经过热压抛光而制成的，可以在镜腿合页处看到明显的切割加工痕迹。而注塑架则是一体成型，不存在加工的痕迹。

工程塑料机械加工工艺一般是指通过多功能数控机床或激光雕刻机对工程塑料型材进行精准二次加工的加工方法。机械加工主要有车削、铣削、钻削、螺纹加工、冲切加工及其他特种加工工艺，主要使用的刀具为铣刀、锯片、冲刀等，精细加工一般使用铣刀。

其中，铣削是用多刃工具进行的，铣削可将塑料裁断、开槽，制成各种平面、曲面等。铣削加工根据需要用到二刃立铣刀、平面铣刀、轴套式铣刀（含刀片）和高速钢铣刀，各类刀具均可用于对热塑性塑料的铣削。一般采用顺铣方式，以便使热量发散到切屑中，将影响表面精度的熔化等不理想问题降至最低程度。对于较薄的工件，常常采用吸板或双面胶带等工具将其固定到工作台上。

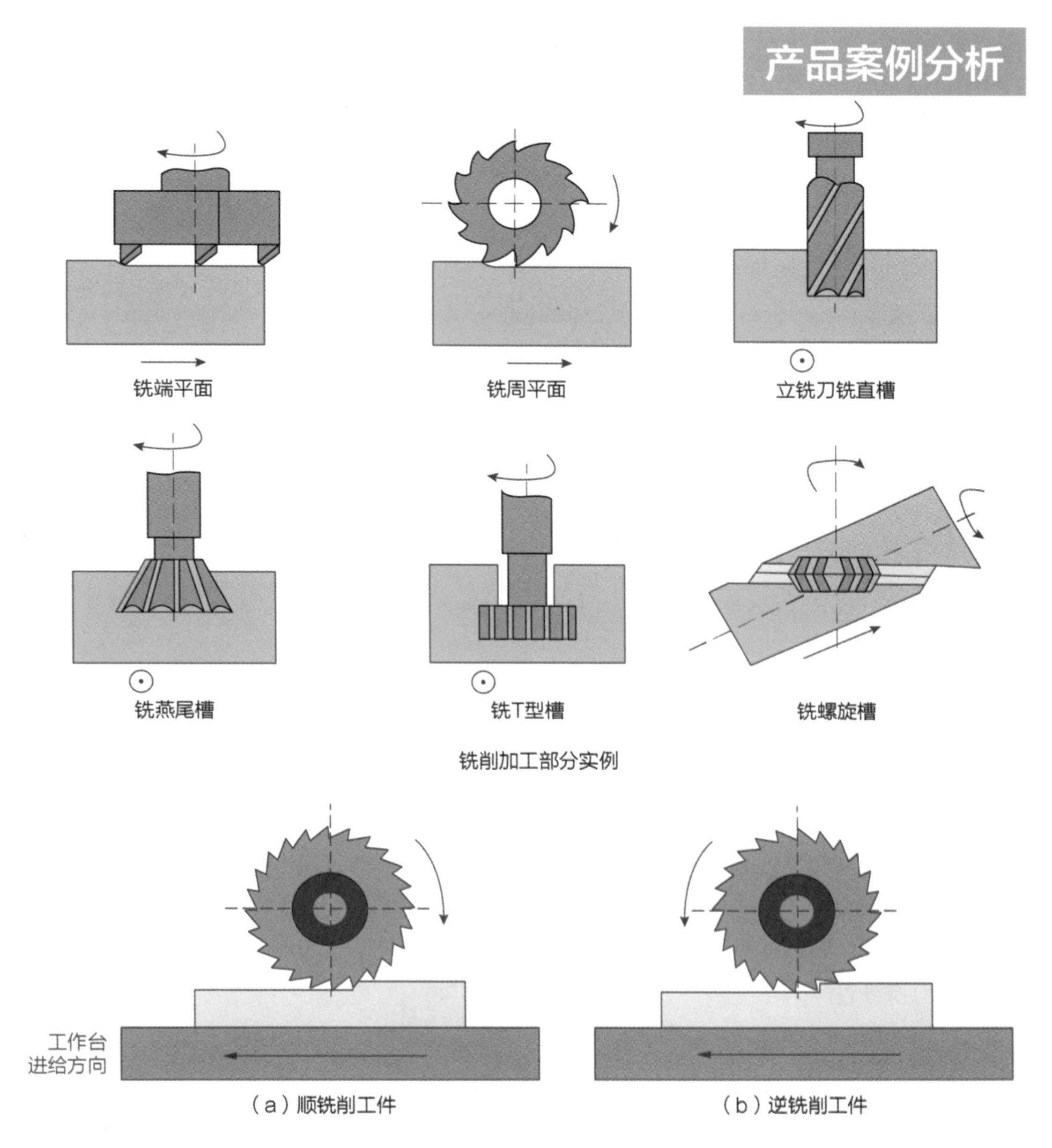

铣削加工部分实例

铣削加工时刀具旋转（主运动），工件移动（进给运动），工件也可以固定，但此时旋转的刀具必须移动（同时完成主运动和进给运动）。铣削用的机床有卧式铣床和立式铣床，也有大型的龙门铣床。这些机床可以是普通机床，也可以是数控机床。铣削一般在铣床上进行，适于加工平面、沟槽、各种成型面（如花铣削键、齿轮和螺纹）和模具的特殊型面等。

为了保证铣削工序的效率，需要考虑的因素很多，例如，使用正确的铣削刀具、采用正确的直径和适当的齿数，以及采用正确的速度、进给率、轴向切深和径向切宽。

TPE
热塑性弹性体

关于热塑性弹性体

热塑性弹性体（Thermoplastic Elastomer，TPE），又称人造橡胶或合成橡胶，既具备传统交联硫化橡胶的高弹性、耐老化、耐油性等各项优异性能，同时又具备普通塑料加工方便、加工方式广的特点。此外，这种材料具有环保无毒、硬度范围广、着色性优良、触感柔软、耐候性好、高抗疲劳性和耐高温性等特点。TPE 的加工性能优越，无须硫化，可以循环使用以降低成本，既可以二次注塑成型与 PP、PE、PC、PS、ABS 等基体材料包覆黏合，也可以单独成型。

特性

耐热性好
耐候性好
抓握力极佳
柔韧性极佳
可减震
防紫外线
可回收

来源

来源广泛。

价格

1.79 美元 / 千克（参考）。

可持续性

TPE 生产效率高，生产周期短、能量消耗少、废弃物少，且可回收。

材料介绍

TPE 有一系列功能强大的用途，范围从饮料瓶内盖的密封垫、车窗密封圈、包装材料到各种把手，如电动工具把手、牙刷把手等。

TPE 可以使用常规成型方法进行加工，如挤出成型、吹塑成型、热成型和注塑成型。对于注塑成型来说，特别要注意，TPE 主要采用双射成型、镶射成型。

TPE 手感好，握起来很有弹性，还具有减震性能，可增加产品的稳定性，再加上其良好的耐热性，使其适用于各种烹调用具。美国 OXO 品牌出品的“好用的把手”系列产品很好地利用了 TPE 材料的特征。通过材料可以增强产品的感官体验，使产品与持久、舒适等品牌价值建立关联，提升品牌形象。

产品案例分析

Choku 鱼

By Vadim Doman

产品介绍

这款名为 Choku 鱼的产品既是一个筷子小帮手，也是一款耳机绕线器。设计师以小鱼的造型为灵感设计了这款产品。这款小鱼的设计初衷是“在黑暗中发光”，寓意为当我们在努力前行的时候，会在黑暗中发现 Choku 鱼身上的光芒。

color

色彩作为产品的形式要素之一，可以影响人们的情绪。这款产品在用色上很大胆，从色相种类上看，为了满足不同消费者的色彩爱好，Choku 鱼所选取的各类色相对比度大，容易引起消费者的注意。从颜色的纯度上来看，产品在选色上采用高纯度的多彩色系，高纯度的颜色更能刺激视觉，使得产品更加“秀色可餐”。从颜色的明暗来看，这款产品的色彩明度较高，高明度的色彩会让人有一种亲切感。

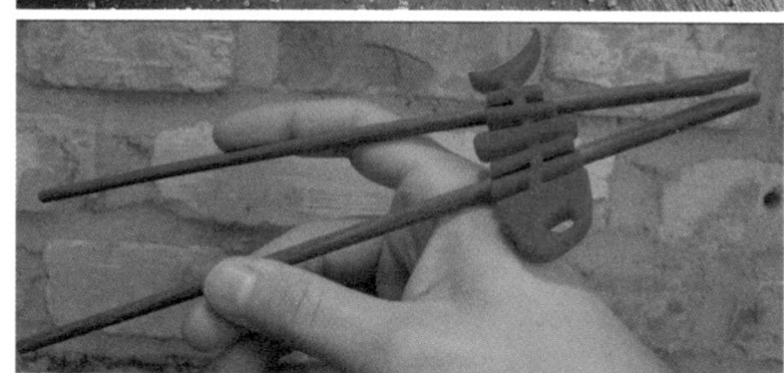

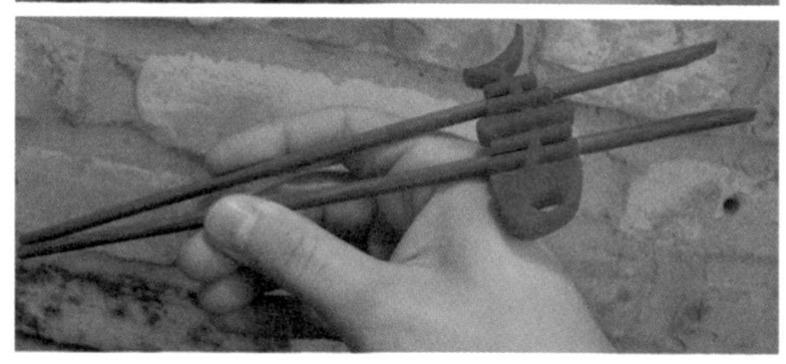

material

Choku 鱼的用材为热塑性塑料 TPE，这种材料具有很高的回弹性，安全无毒，有着优良的着色性，触感柔软。高回弹性有利于满足在使用过程中产品造型的变形需求，安全无毒的特性可以使产品与用户进行亲密接触，优良的着色性可以使产品色彩更加丰富多彩，触感柔软的特性使产品更适合作为手持工具来使用。

finishing

Choku 鱼采用压塑成型的加工工艺制作而成。

PET 聚对苯二甲酸乙二醇酯

关于聚对苯二甲酸乙二醇酯

聚对苯二甲酸乙二醇酯（简称 PET），由对苯二甲酸二甲酯与乙二醇酯交换或以对苯二甲酸与乙二醇酯化，先合成对苯二甲酸双羟乙酯，然后再进行缩聚反应制得。PET 属结晶型饱和聚酯，为乳白色或浅黄色，是高度结晶的聚合物，表面平滑有光泽，是生活中常见的一种树脂，可以分为 APET、RPET 和 PETG。

特性

可回收
耐化学性优异
尺寸稳定性优异
价格便宜
透明度极佳
抗冲击强度高

来源

全球有很多 PET 供应商。

价格

1.79 美元 / 千克。

可持续性

PET 有很大的回收领域，PET 瓶可以重新粉碎熔化用于制作其他物品。例如 5 个 2 升装 PET 瓶生成的纤维填充物足以做一套滑雪服。PET 材料的可回收标志是数字 1。

材料介绍

在塑料分类中，PET 的代号是 1 号，PET 应用范围非常广泛，其透明度高、韧性好，是众多产品的常用选材之一，从地毯到化妆品，PET 随处可见。PET 是聚酯家族中的一员，这个家族还包括 PBT、PETG。

PET 像水晶般透明，可以防止水和二氧化碳渗出，因此是碳酸饮料包装的理想用材。用作饮料包装时，PET 经常被压入其他材料形成夹层结构，以提高其性能。例如，啤酒包装就在 PET 中间压入氧气阻隔层以阻止氧气渗入。因为啤酒与氧气接触后会引起麦芽糖氧化，导致啤酒发酸。

PET 还广泛应用于电子电器方面，如电气插座、断电器外壳、仪表机械零件等；汽车工业中的流量控制阀、化油器盖子、车窗控制器等；机械工业中的齿轮、叶片、皮带轮等。

产品案例分析

宝特瓶

By Nine

产品介绍

位于瑞典斯德哥尔摩的 Nine 设计工作室重新设计了 Ramlosa 高级饮用水的包装瓶。设计师的主要任务是设计一款对环境友好，又便于消费者握持，且手感绝佳的纯净水包装，意在取代原料消耗严重、价格比较昂贵的玻璃瓶。成本低廉的宝特瓶外观设计既要考虑产品目标消费者的定位，又要照顾是否方便携带、方便使用。

color

产品采用透明的瓶身，立体切割式的凹凸造型，使纯净的瓶装水看起来像独特的手工切割水晶。每个切割面都会反射光线，营造出绚丽闪亮的效果，纯净的瓶身让闪亮和波光粼粼的瓶装水看起来自然而清澈。

material

PET 透明、坚韧，其最简单的辨识法是无色、透明，加色之后可成为浅绿、浅蓝色或茶色。圆形宝特瓶底有一圆点，瓶身无接缝。宝特瓶轻便耐用，但其不能自然分解的特性使得长期使用会造成大量垃圾堆积等问题。

finishing

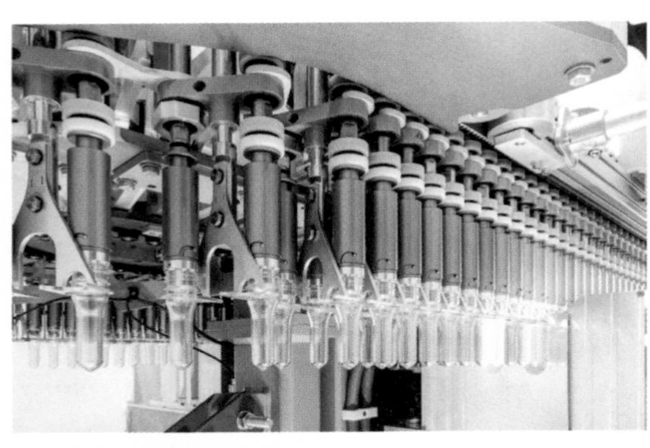

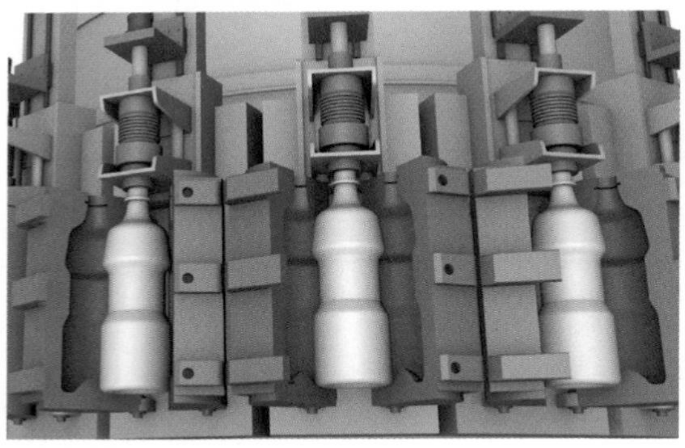

宝特瓶采用吹塑成型的加工工艺。吹塑成型指中空吹塑（又称吹塑模塑），是借助于气体压力使闭合在模具中的热熔型坯吹胀形成中空制品的方法，是发展较快的一种塑料成型方法。吹塑用的模具只有阴模（凹模），与注塑成型相比，设备造价较低，适应性较强，可成型性能好，可成型具有复杂起伏曲线（形状）的制品。例如宝特瓶、洗发乳瓶、塑胶油箱、汽油桶等，均由吹塑成型的方法制成。

根据成型方法不同，吹塑成型工艺又可分为 3 类，包括挤出吹塑（EBM）、注射拉伸吹塑（ISBM）、注射吹塑（IBM）。三种成型方式各有特点，具体如下。

① 挤出吹塑（EBM）：成本最低，适合生产 3mL~220L 的塑料空心容器。

② 注射拉伸吹塑（ISBM）：是质量、精度和成本最高的工艺，适合表面带有精细纹样的塑料容器的制造，尤其体现在瓶口细节上，适合生产 3mL ~1L 的塑料空心容器。

③ 注射吹塑（IBM）：精度和成本介于挤出吹塑和注射拉伸吹塑之间，适合生产 3mL~1L 的塑料空心容器。

产品案例分析

注射拉伸吹塑（简称“注拉吹”）为双轴拉伸取向吹塑，是一种在聚合物的黏弹态下通过机械方法轴向拉伸瓶坯，用压缩空气径向吹胀瓶坯的成型方法。这种成型方法的特点是轴向与径向有相同的拉伸比，可提高吹塑容器的力学性能、阻渗性能、透明度，减小制品壁厚。这种成型工艺是吹塑成型中制品壁厚最薄的一种工艺。

注射拉伸吹塑主要用于成型形状为圆形或椭圆形的容器，例如饮料瓶、纯净水瓶、食用油瓶。这种产品在市场上用量很大，因此要求设备的生产效率高、可靠性好。

注射拉伸吹塑（ISBM）步骤如下。

步骤 1：胶状的多聚物通过芯棒预热注射，形成空心密封的柱状雏形。

步骤 2：芯棒被取出，插入延伸棒，左右两侧模具闭合，延伸棒在胶状雏形内部挤压，从而纵向拉长多聚物雏形。

步骤 3：延伸棒继续从内部拉长胶状多聚物雏形，同时空气通过延伸棒缓缓注入，使胶状雏形充分贴合模具并且冷却固化。

步骤 4：左右模具打开，完成的塑料件被延伸棒顶出，加工完成。

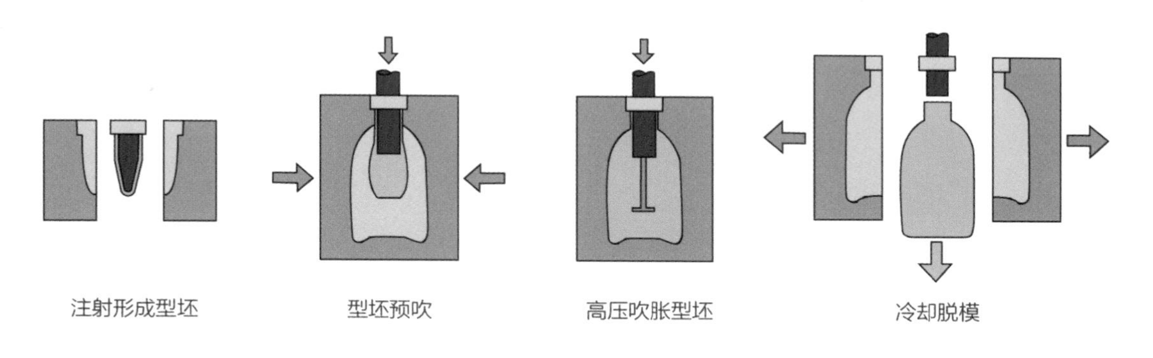

注射拉伸吹塑成型过程

吹塑成型的优点：① 制品无拼接缝，不需后期修整；② 螺纹和瓶口尺寸精度高，颈部内壁为光滑的圆柱面；③ 产量可以极大，辅助设备少；④ 产品的底部强度高，材料损耗少；⑤ 壁厚均匀，生产效率高。

缺点：① 设备投资大；② 对操作人员要求高；③形状不能太复杂，容器尺寸受限制（容器的高度不能过高）。

工艺成本：加工费用中，单件费用低。

典型产品：化学产品容器包装、消费品容器包装、药品容器包装。

产量：只适合大批量生产。

质量：高质量，壁厚均匀，表面处理适合光滑、磨砂、纹理。

速度：快，平均一两分钟一个周期。

PC
聚碳酸酯

关于聚碳酸酯

聚碳酸酯（简称 PC)是分子链中含有碳酸酯基的高分子聚合物，根据酯基的结构可分为脂肪族、芳香族、脂肪族－芳香族等多种类型。其中由于脂肪族和脂肪族－芳香族聚碳酸酯的力学性能较低，从而限制了其在工程塑料方面的应用，仅有芳香族聚碳酸酯获得了工业化生产。由于聚碳酸酯结构上的特殊性，已成为五大工程塑料中增长速度最快的通用工程塑料。

特性

加工手段多样
耐候性优良
透明度极佳
耐冲击性优异
耐寒耐热性良好
可回收

来源

来源广泛，供应商众多。

价格

4.18 美元 / 千克（参考）。

可持续性

和其他所有的热塑性材料一样，PC 也可以加热熔化后回收利用，其可回收的标志是数字 7。

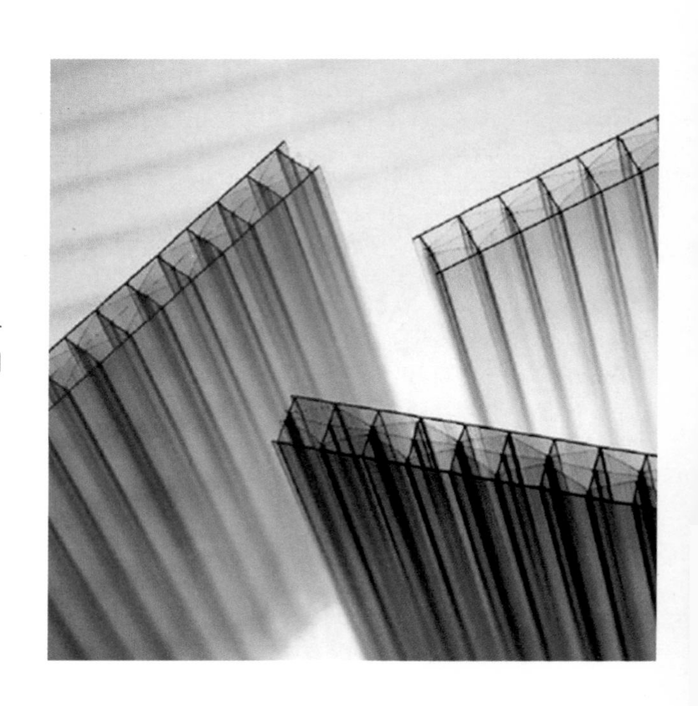

材料介绍

聚碳酸酯具有无色透明、耐热、抗冲击、阻燃BI级等特性，常有良好的力学性能。聚碳酸酯的耐冲击性能好、折射率高、加工性能好、阻燃性能好。

材料的耐磨性是相对的，把ABS材料与PC材料做比较的话，PC材料耐磨性比较好。但是相对于大部分的塑胶材料来看，聚碳酸酯的耐磨性是比较差的，处于中下水平，所以一些用于易磨损用途的聚碳酸酯器件需要对表面进行特殊处理。

聚碳酸酯具有透明度高的特点，同时韧性高。作为一种可以替代玻璃的塑料，聚碳酸酯广泛应用于各种各样的安全玻璃和酒器领域。高透明度也使它成为防爆玻璃的最佳替代品，如防撞头盔的面罩和眼镜。它还是CD和DVD的制作材料，是具有标志性的第一代iMac的外壳材料。

聚碳酸酯是最坚韧的热塑性塑料之一，具有一定程度的抗刮划性。PC还有一个优点，即非常容易与其他塑料，如ABS或PET混合形成共混物，PC可以为共混物贡献较好的韧性。用于手机外壳时，聚碳酸酯可以和ABS共混，以提高抗冲击能力。

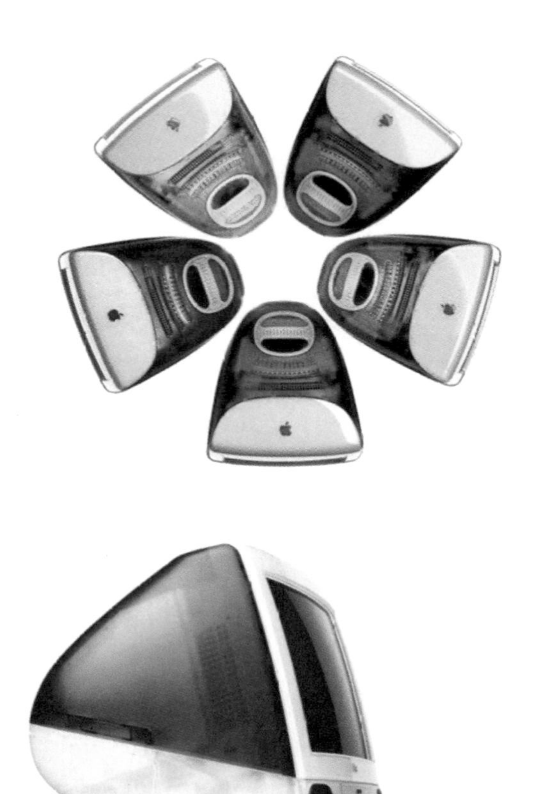

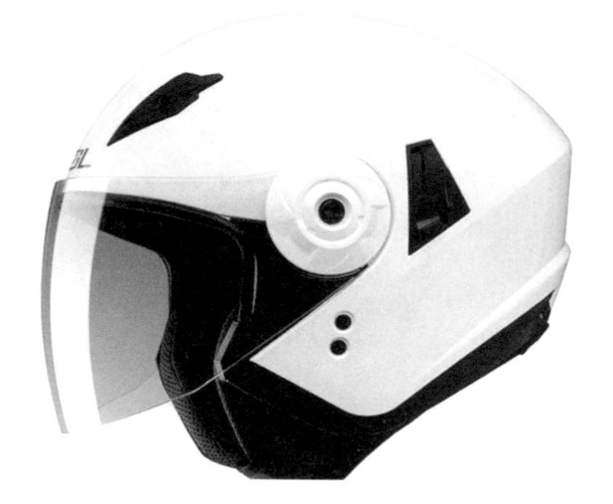

产品案例分析

Power Strip

By Trozk

产品介绍

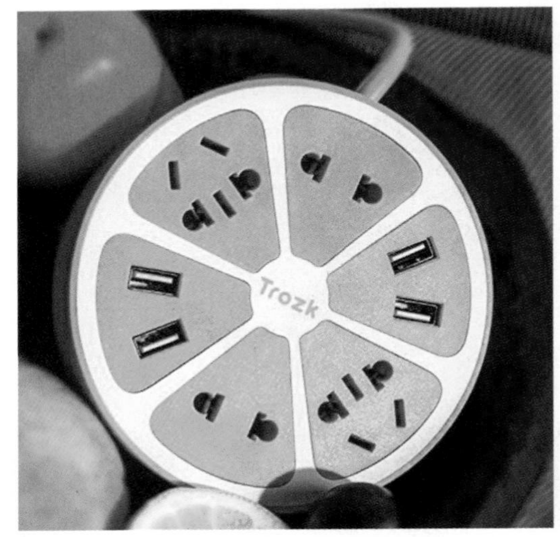

这是一款由 Trozk 设计的智能插座——柠萌 U 站。它有着圆圆的外观、绚丽的颜色，好像一个切开的柠檬。它的插口设计成环绕型，每个都能被有效利用，不会像普通插座那样，出现相邻插头“打架”、插不进去的尴尬情况。多个插口可以同时使用，即使插满也毫无压力。插座有 4 个 USB 插口、4 个双孔插口、2 个三孔插口，手机、平板电脑等可以直接用数据线充电，完全能满足日常充电需求。

color

色彩的情感体验在消费者对产品认知的过程中承担着深层次的情感传递作用。人常常受到色彩的影响，这些影响总是在不知不觉中发生作用，左右我们的情绪。就像这款插座，高彩的天蓝色、粉红色、黄色和橘色带给人时尚、青春的气息。可爱的造型再加上绚丽的色彩，随便一放，就给桌面增色不少。

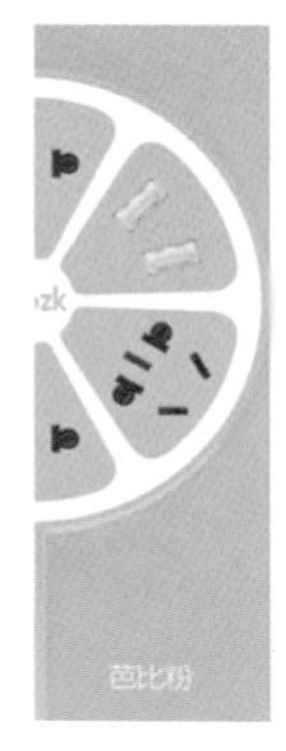

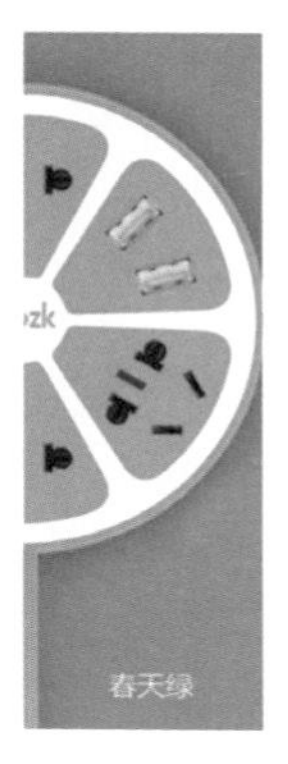

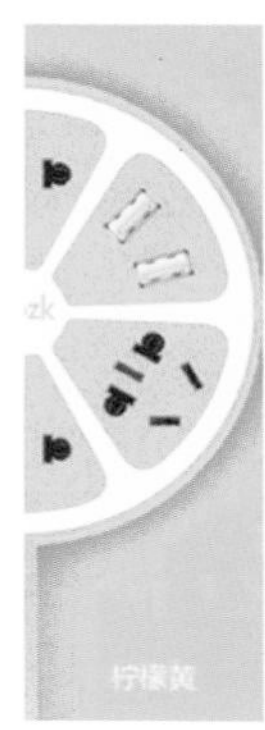

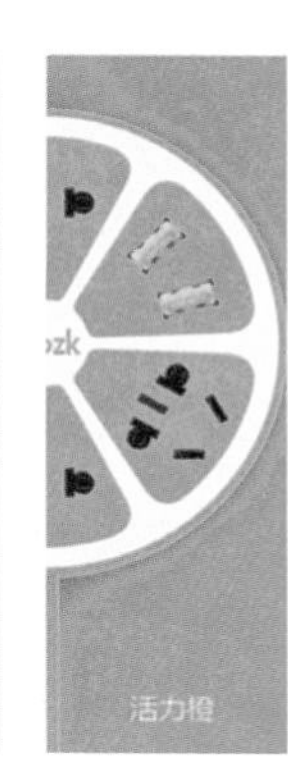

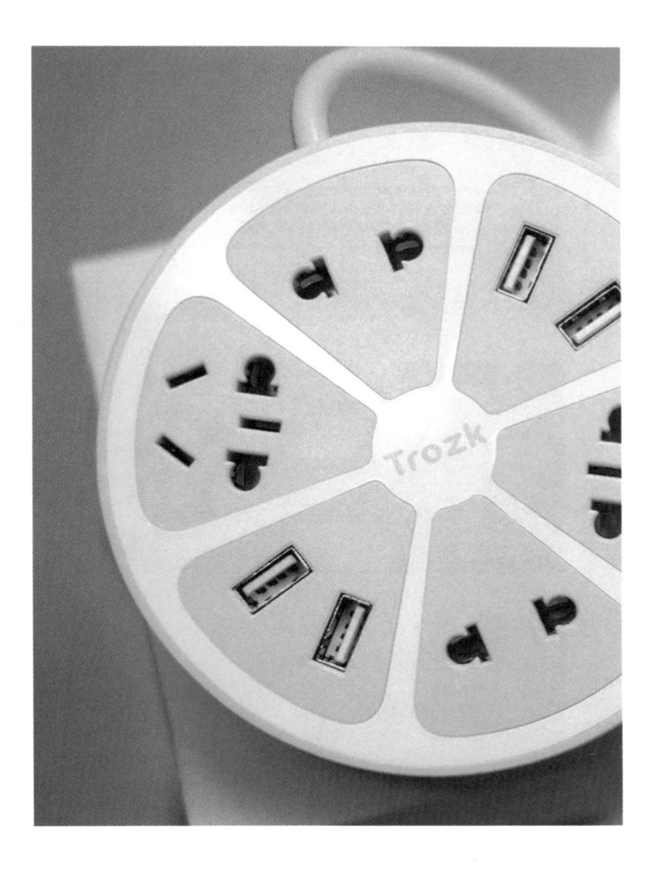

material

产品形态通过材料所表现出的肌理、色泽、质地、重量等视觉和触觉效果会带给用户不同的体验。例如，这款插座采用的材料是高端环保的 PC 材质，这种材质具有打击强度高、尺寸稳固性好、透明度高、着色性好、电绝缘性好、耐腐化性好、耐磨性好等其他塑料没有的长处。在应用中，主要用于制作产品的外壳，具有非常好的强度和耐火性。

产品案例分析

finishing

插座采用的是注塑成型的加工工艺。注塑成型是塑料在注塑机加热料筒中塑化后，由柱塞或往复螺杆注射到闭合模具的模腔中形成制品的塑料加工方法。此法能加工外形复杂、尺寸精确或带嵌件的制品，生产效率高。用于注塑的物料须有良好的流动性，才能充满模腔以得到制品。大多数热塑性塑料和某些热固性塑料（如酚醛塑料）均可用此法进行加工。

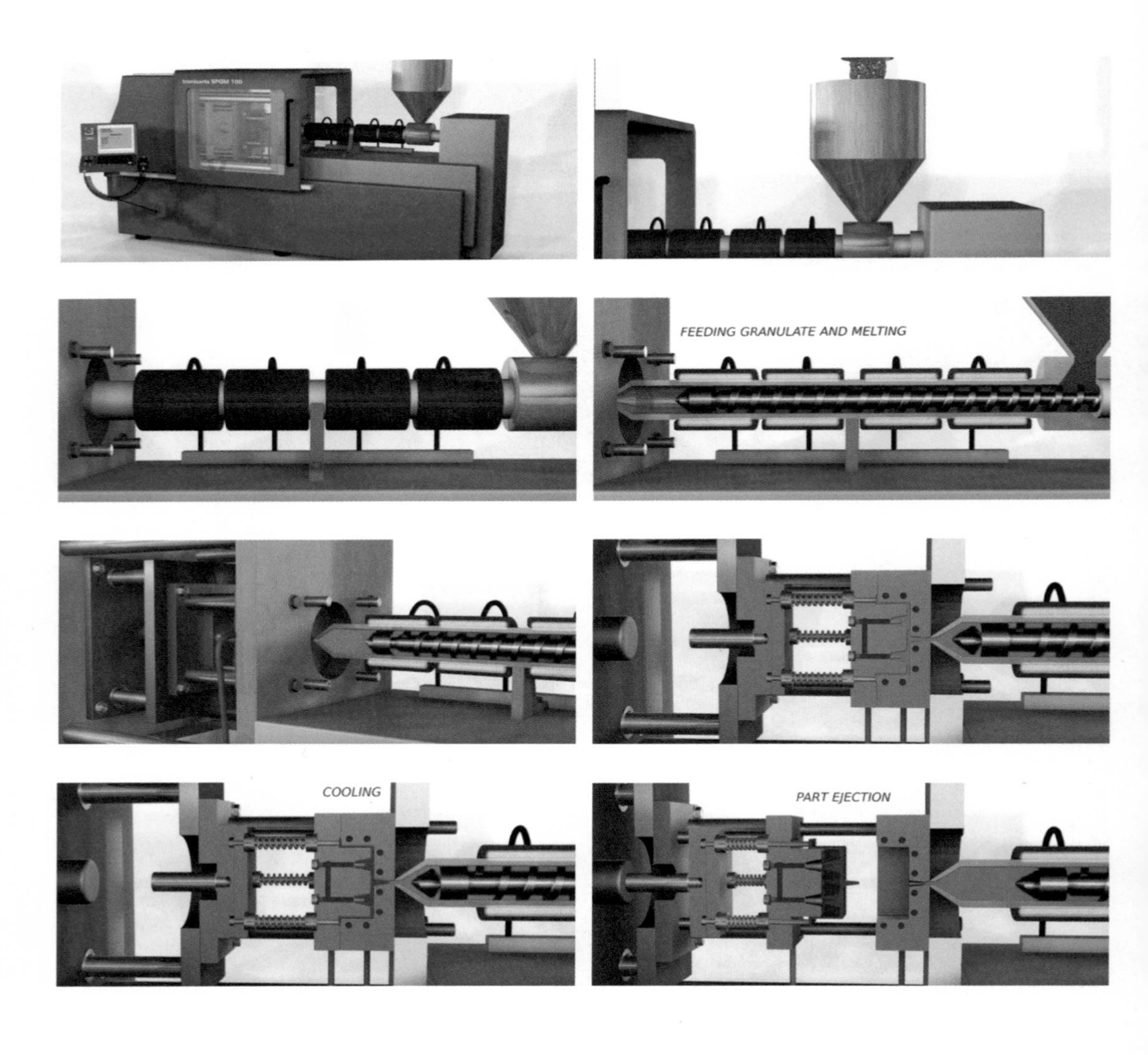

章节思考

经典的潘顿椅是由丹麦极负盛名的设计大师维纳尔·潘顿 (Verner Panton, 1926-1998) 设计的，他的设计灵感来源于他丰富和与众不同的想象力。潘顿椅外观时尚大方，有种流畅大气的曲线美，具有强烈的雕塑感，符合人体工程学。潘顿椅色彩也十分艳丽，至今享有盛誉，被世界许多博物馆收藏。试从 CMF 的角度分析潘顿椅，尝试在现有潘顿椅的基础上设计一个新的色彩、材料和工艺方案，并阐述理由。

第六章 陶 瓷

陶瓷，英文名称为 china。用陶土烧制的器皿叫陶器，用瓷土烧制的器皿叫瓷器，陶瓷则是陶器、炻器和瓷器的总称，古人称陶瓷为瓯。凡是用陶土和瓷土这两种不同性质的黏土为原料，经过配料、成型、干燥、焙烧等工艺流程制成的器物都可以叫陶瓷。

Crude Pottery
粗陶

关于粗陶

粗陶是最原始的陶瓷，一般以一种易熔黏土制造。在某些情况下可以在黏土中加入熟料或砂，以减少收缩。这些制品的烧制温度变动很大，要依据黏土所含杂质的性质与多少而定。使用粗陶制造砖瓦时，如气孔率过高则坯体的抗冻性能不好，气孔率过低又不易挂住砂浆，所以吸水率一般要保持在 5%~15% 之间。粗陶烧成后，坯体的颜色由黏土中着色氧化物的含量和烧制气焰决定。在氧化焰中烧制，多呈黄色或红色；在还原焰中烧制，则多呈青色或黑色。

特性

耐磨性好
透气性好
颗粒感强
价格低
热稳定性好
绝缘性好
不可回收

来源

来源十分广泛，取材方便。

价格

根据年代、用途不同，价格上也有很大差异。

可持续性

作为惰性材料，陶瓷不可以降解。由于陶瓷在生产过程中需要进行不可逆的化学反应，因此不可以回收利用。

材料介绍

粗陶是由含砂量、含铁量比较高的陶泥烧制的陶器，设计简单、没有过多修饰。粗陶是陶器的一种，器型的设计随性大方、古朴大气，釉色多变，不同的烧制方式可以得到不同的成色效果。根据原料杂质含量的不同及施釉状况，可分为有釉和无釉。

粗陶之美在于自然素雅，抱朴守拙，回归生活，在喧嚣中寻找宁静。无论是茶器还是花器，粗陶总能以自己的个性阐释一种低调的优雅。

和骨瓷一样，粗陶强度较高，因此可以形成薄胎，一般采用注浆成型比较好。传统陶瓷加工方法也适用于粗陶，如泥板、印坯、拉坯和注浆成型。

陶瓷虽然不可以回收利用，但它们可以被粉碎，当作碎石和填料。陶瓷面临的问题主要是烧制过程需要高热，而且通常上釉还需要二次烧制。

产品案例分析

小缸壶

By 未也工作室

产品介绍

这款“小缸壶”出自未也工作室，壶身无釉，壶直径约 70mm，高约 80mm。这款茶壶完全以手捏的技法制成，不依靠任何机器拉坯，保留了创作者独一无二的情感和创作者手中的温度。小巧的茶壶握在手中，每一细节都很微妙，壶身留下了创作者手指的痕迹。泥土中的铁和砂砾经高温还原，形成独特的粗犷质感。壶内通过球孔过滤，使出水更流畅，适宜冲泡乌龙茶、红茶、黑茶。

color

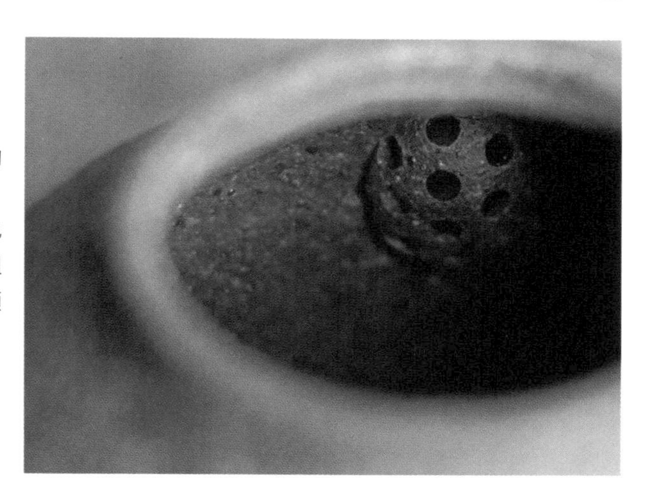

一般陶器分为上釉与不上釉两种。上釉的陶器受环境色影响较大，根据釉料成分不同，颜色也有所变化。而没有上釉的陶器受环境色影响较小，固有色表现更明显。这款陶壶由粗陶制成，反光较弱、固有色表现明确，表面颗粒粗糙、富有肌理，给人以朴实平淡的感觉。

material

制作陶器过程中，黏土成分含量的不同、烧制温度的变化都会影响最终效果。每种黏土都有各自的特点，比如赤陶、白陶的烧制温度为1000~1180℃，其外观表现为色彩明亮、外表坚硬、成型性好；粗陶是非常理想的泛用性黏土，烧制温度为1200~1280℃，其特点是黏性强、质地坚硬、孔洞少，其外观质感粗糙，易于表现粗犷质朴的作品。

产品案例分析

finishing

产品案例分析

陶瓷制品最基本的成型方式有拉坯成型、泥板成型、泥塑成型、泥条盘筑、捏塑成型、注浆成型等。捏塑成型是用手捏制，多用于制作小件玩具，如唐宋两代各种姿态的娃娃、杂技人、牛羊马狗猴等十二属相等。四川邛窑捏塑传世甚多，形态均很生动。河南、河北地区瓷窑捏塑小玩具也惹人喜爱，以白釉黑釉者较多，如动物中的长脖子高头小羊、卷毛张口坐狮，形象生动有力而不觉夸张。

粗陶捏塑成型的基本工艺为：材料准备→制备成型→坯体风干→烧制成型，具体过程如下。

① 材料准备：准备陶土、耐火砖、隔热棉、烤炉等。

② 制备成型：手工捏制成型。

③ 坯体风干：放置于阴凉干燥处通风，避免阳光直射。

④ 烧制成型：温度为 800~1200℃，缓慢升温，利用持续稳定的温度进行烧制。缓慢冷却（可以关掉窑炉，炉内自然冷却），烧制时间一般为 8~10 小时，主要看陶土烧结情况。

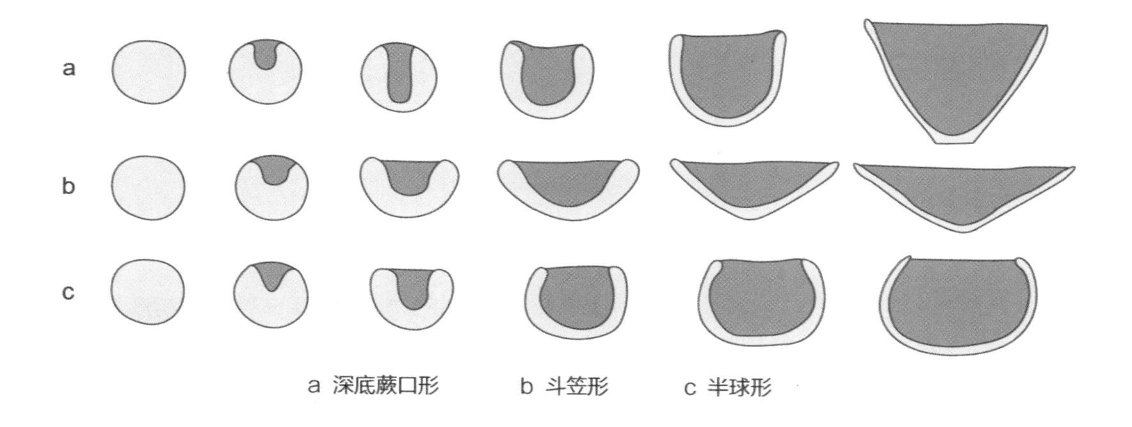

a 深底蕨口形　　b 斗笠形　　c 半球形

捏塑成型的步骤如下。

步骤 1：将泥料揉成一个光滑的泥球。

步骤 2：用一只手托住泥料，另一只手的大拇指从泥球的中心处插进去，让泥球底部的泥有一定的厚度。

步骤 3：一只手托住泥球，另一只手的手指匀速旋压泥球，手指留下的痕迹要均匀，让器型的口沿厚一些。

步骤 4：用塑料袋罩住整个作品，后期处理时再揭开来。这样做可以防止器壁向外倾斜、变形以及开裂。

> 制作技巧：
>
> ① 捏塑的时候手指要向外、向上用力。先把作品的各个部位捏制成同等薄厚，再慢慢将其捏到更薄，直到满意为止。
>
> ② 当泥料太湿，器皿不断向下垮塌时，可以借助吹风机把器皿内外壁稍微吹干一些。

Terra-cotta 赤陶

关于赤陶

赤陶的英文为 Terra-cotta，源自意大利语，意为被烧过的土。赤陶通常不上釉，半烧制后的陶土变得干燥，呈红色，具有一种类似于饼干的独特质地。要获得这个效果，需要对陶土进行清洗，并且混入最精细的沙粒才可以。红色的赤陶是最常见的，也有黄色，甚至呈乳白色的，这主要取决于陶土的来源。就花盆制作而言，赤陶的多孔性成为其显著特征，这种细孔会产生渗透作用，允许水分通过其表面自然蒸发。

特性

成型简单
多孔
价格低廉
用途广泛
经久耐用
烧制温度低

来源

赤陶的历史可以追溯到远古时代，其原料是一种来源广泛的陶土，在世界很多地方都能找到。

价格

根据年代、用途不同，价格也有很大差异。

可持续性

陶瓷都不可回收再利用。赤陶为低温烧制，不上釉，和其他陶瓷比起来耗能少一些。

材料介绍

赤陶很早就已经开始使用了。例如在中国，可追溯至公元前的兵马俑。赤陶的颜色被称为赤陶色，是介于橘色和茶色之间的一种颜色，以其温暖的色调温暖着不同时代的人。赤陶色能将美恰到好处地传达给我们的视觉和内心。

赤陶的多孔性加上低廉的价格，使其成为制作花盆的理想材料，其良好的渗透性使得植物排水会更加容易，原本会干燥的泥土也能够保持湿润。和许多传统陶瓷一样，赤陶可注浆浇铸、车床加工、盘车拉坯以及陶轮成型。

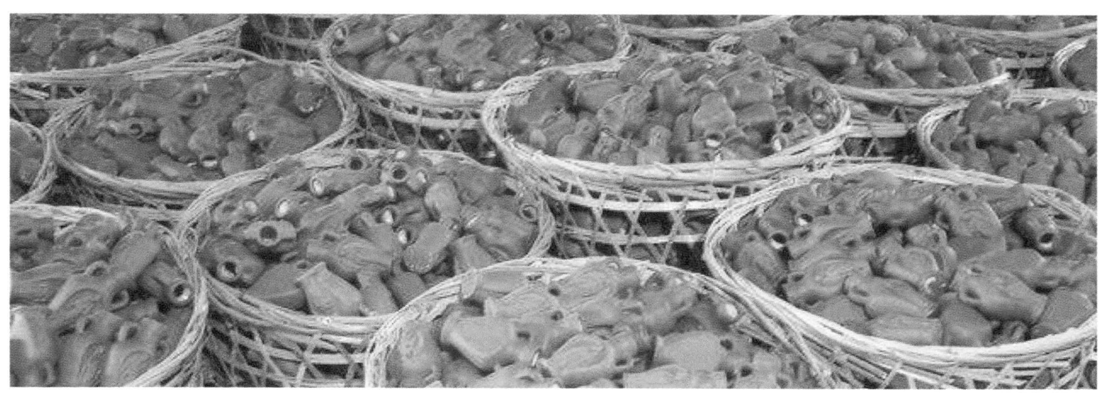

产品案例分析

Hybrids 陶器

By Tal Batit

产品介绍

以色列设计师 Tal Batit 推出了陶艺系列作品 Hybrids，它们都由明显的上下两部分组成。其中一部分表现得很传统，另一部分则完全不同，显得另类又对抗。通过对比和夸张的手法，Tal Batit 设计的 Hybrids 陶器几乎失去了实际应用价值，只剩下观赏的功能。设计师还为每款作品取了名字，非常符合它们各自的形象。比如 The Clown（小丑），下半身一层层的扭转好像它在旋转、舞蹈，尤其是上面的红鼻子，更符合它的身份。

color

Hybrids 陶器的每一件成品的配色、质地与造型都很混搭。比如一个名为“The Clown”的装饰瓶，上半部分是传统的陶罐造型，保留了赤陶原始的赤褐色、哑光色泽和磨砂的质感，而下半部分则设计得十分现代，造型呈不规则的旋风状，奶油色的表面泛着光泽，看上去像是一坨奶油冰激凌。那个红色的圆鼻子使得整个瓶子具有了小丑的滑稽感。

material

Tal Batit 选用了赤陶土与高岭土两种不同的原料，前者用于打造传统质感，后者则在 3D 软件的辅助下，用于不规则的造型，同时搭配上各色彩釉，传递出一种现代感。每个装饰瓶外观各异，不过无论是“国王”（The King）、“人造黄油”（Margerine）还是“王冠”（The Crown），均和“小丑”（The Clown）一样，由传统和现代两部分组成。将这截然不同的两部分结合在一起的不是普通胶水，而是釉料。两个部分在功能上也有分工，前者主要负责插放花朵或盛放液体，后者主要用于装饰。

产品案例分析

finishing

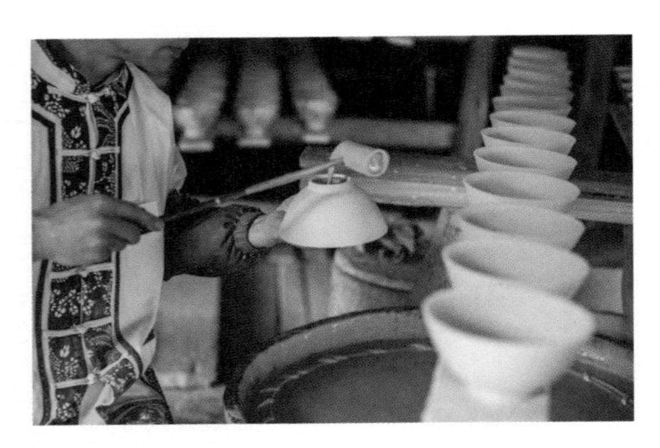

施釉工艺是指在成型的陶瓷坯体表面施以釉浆，常见的施釉方式包括蘸釉（浸釉）、荡釉、浇釉、涂釉和吹釉等几种方法，按坯体的不同形状、厚薄，采用相应的施釉方法。

① 蘸釉又叫 " 浸釉 "，为最基本的施釉方法，将坯体浸入釉浆中片刻后取出，利用坯体的吸水性，使釉浆均匀地附着于坯体表面。釉层厚度由坯体的吸水率、釉浆浓度和浸入时间决定。

② 荡釉即 " 荡内釉 "，即把釉浆注入坯体内部，然后将坯体上下左右施荡，使釉浆布满坯体，再倾倒出多余的釉浆。随后坯体继续回转，使器口不留残釉。

③ 浇釉是大型器物的一种施釉方法，即在盆中架放一木板，将坯体放在木板上，用勺或碗臼取釉浆泼浇器物。

④ 刷釉又称 " 涂釉 "。方法是用毛笔或刷子蘸取釉浆均匀地涂在器体表面，多用于方形有棱角的器物或是局部上釉、补釉，或同一坯体上施几种不同釉料等情况。

⑤ 吹釉适用于大型坯体、薄胎坯体、色釉瓷及需要上几种釉的坯体。用一节小竹管，一段蒙上细纱，蘸取釉浆，对准坯体应施釉部位，用嘴吹竹管另一端，釉浆即通过纱孔附着在坯体表面，这样反复吹釉，即可得到厚度适宜的釉层。

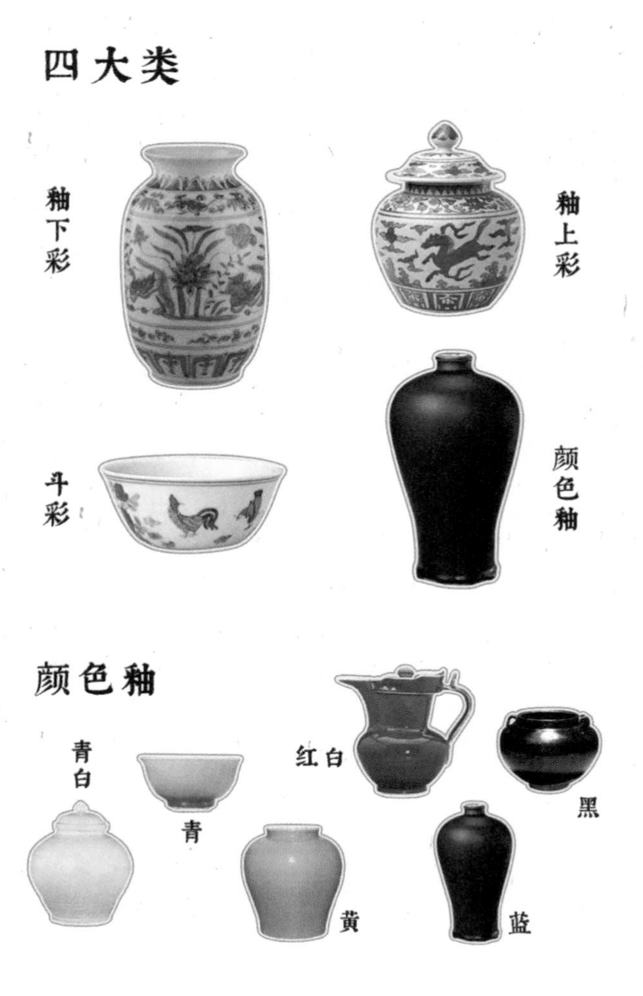

明代景德镇烧出了各种各样釉色的瓷器，分为四个大类：釉下彩、釉上彩、斗彩和颜色釉。

釉下彩，就是釉下面的颜色，如青花和釉里红。

釉上彩，就是釉上面的颜色，珐琅彩就是釉上彩的一种。

斗彩，就是釉上彩和釉下彩的结合，先用釉下彩画线，用釉上彩进行填涂。成化年间的斗彩鸡缸杯就是非常典型的斗彩器物。

颜色釉，也就是不同颜色的釉，如青瓷、黑瓷、白瓷。以铁为着色剂，烧出来就是青色，铁含量的不同，也会随之形成不同的颜色；以铜为着色剂，烧出来就是红色；以钴为着色剂，烧出来就是蓝色，青花瓷就是用钴来画的。

Refined Ceramics 精陶

关于精陶

精陶是以可塑性好、杂质少的陶土、高岭土、长石、石英为原料，经素烧（最终温度为 1250~1280℃）和釉烧（温度为 1050~1150℃）两次烧成的。精陶的坯体呈白色或象牙色，多孔、吸水率常为 10% ~ 12%，最大可达 22%。精陶似瓷而非瓷，既有瓷器的华丽，又具有瓷器所不具备的功能。精陶产品以成套餐具、茶具、咖啡具为主，还有盘、瓶、文具等陈设实用工艺品。

特性

密度小

多孔

白色或淡黄色

变形小

成本低廉

来源

高纯、人工合成。

价格

根据年代、用途不同价格上也有很大差异。

可持续性

用于大量生产日用餐具及卫生陶器以代替价格相对较高的瓷器。不可以回收利用。

材料介绍

精陶是在白坯或浅色坯上施釉的陶器。精陶常用可塑法、注浆法或半干压法成型，素烧后施釉，也有采用施釉前不经过素烧的“一次烧成”法制造的。精陶密度较小。由于施低温白釉，可以上满釉（底足全釉），既不易擦伤台面，又有利于发挥釉上彩和釉下彩的装饰作用，但釉面易出现龟裂缺陷。精陶上有加装饰花纹的，亦有不加任何装饰的。

按坯体性质可分为硬质精陶及软质精陶，按用途可分为日用精陶及建筑卫生精陶等。精陶还可分为建筑精陶（如釉面砖）、美术精陶及日用精陶等。

釉面砖属于精陶类制品。它是黏土、石英、长石、助熔剂、颜料，以及其他矿物原料经破碎、研磨、筛分、配料等工序加工成含有一定水分的生料，再经模具压制成型（坯体）、烘干、素烧、施釉和釉烧而成或坯体施釉一次烧成的。

产品案例分析

Swell 花瓶

By Anika Engelbrecht

产品介绍

德国设计师 Anika Engelbrecht 用气球和陶瓷创造出了让人眼前一亮的 Swell 花瓶。设计师在陶瓷花瓶上打上大大小小不同的孔，将橡胶气球塞入其中作为内胆。浇灌植物时，将水灌入气球，水的压力将迫使这些气球从陶瓷花瓶上的开孔处鼓出来，非常巧妙。

color

花瓶采用素雅的灰白色陶瓶搭配彩色气球，容易与现代家装风格相统一。与气球的结合使设计充满了趣味性，满足了使用者对于生活情趣的追求。淡雅的花瓶给人以安静、清纯、文艺的心理感受。淡雅的瓶身与艳丽的气球相结合，使整个产品看起来活泼却又不落俗，符合当代年轻人的审美追求。

material

精陶按坯体组成的不同，可分为黏土质、石灰质、长石质、熟料质四种。

黏土质精陶接近普通陶器。石灰质精陶以石灰石为熔剂，其制造过程与长石质精陶相似，而质量不及长石质精陶，因此近年来已很少生产。长石质精陶又称硬质精陶，以长石为熔剂，是陶器中最完美和使用最广的。近来得以大量用于生产日用餐具（杯、碟、盘子等）及卫生陶器。

热料质精陶是在精陶坯料中加入一定量熟料，目的是减少收缩，避免废品。这种坯料多应用于大型和厚胎制品（如浴盆，大的盥洗盆等）。

产品案例分析

finishing

拉坯成型是利用拉坯机旋转的力量，配合双手的动作，将转盘上的泥团拉成各种形状的成型方法，也叫轮制法。它是利用拉坯机快速旋转所产生的离心力，结合双手控制挤压泥团，掌握泥团的特性和手与机器之间相互的动力规律，将泥团拉制成各种形状的空膛薄壁的圆体器型。拉坯是陶艺制作中较常用的一种方法，是制作陶瓷的 72 道工序之一，是成型的最初阶段，也是器物的雏形制作阶段。拉坯是我国瓷器生产的传统方法，凡圆器琢器都可用拉坯方法成型。

产品案例分析

由于拉坯成型技术要求较高，练习者需要花较长的时间才能掌握。拉坯可以制作杯、盘、碗、瓶等简单的造型，也可以拉坯成型后再进行切割，组合成各种复杂的造型。

拉坯成型的工人劳动强度大，技术素质要求高，仅适合小规模生产形式。拉坯成型后的坯体强度低，可能导致湿坯开裂，手工拉坯的制品带有明显的旋转痕迹。拉坯不仅要注意收缩比，还应注意造型。根据不同的造型，较大的制品需要分段拉制。

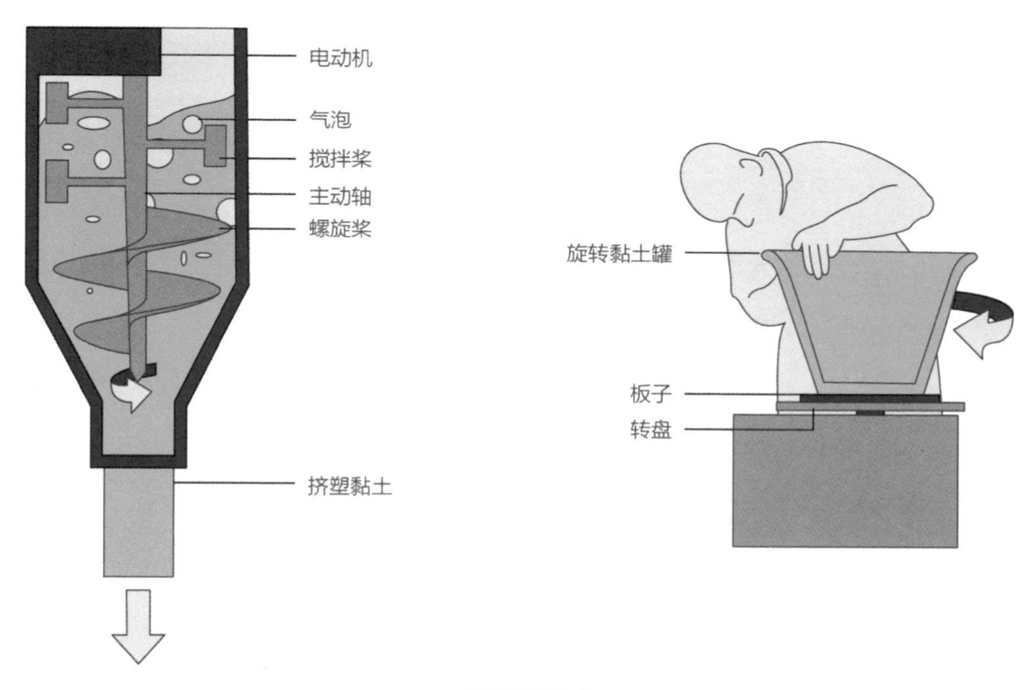

拉坯成型工艺

步骤 1：将陶土放进搅拌器搅拌，目的是去除陶土中多余的气泡，以确保最后成品的表面质量。

步骤 2：将处理好的陶土放置在转盘中心（转盘由电动机驱动旋转，也可以用脚踏来驱动）。当转盘转动时，操作者首先将陶土拉成空心圆柱体，然后再造型，目的是确保成品的壁厚和受力均匀。

步骤 3：成型完成后，需要静置至陶土干燥固化（天气和温度很大程度上影响等待时间），取出成品，进入修边、上釉和烧制工序。

产品案例分析

俄罗斯方块花盆

By Stephanie Choplin

产品介绍

经典游戏“俄罗斯方块”给予了设计师们无数的灵感，法国设计师 Stephanie Choplin 设计了一款陶瓷材质的俄罗斯方块花盆，使用时摆在茶几上，除了欣赏绿色植物，还能动手玩玩通关游戏，很有生活乐趣。单看白色的表面没什么特别，内层却有不同的颜色。当从稍高一些的地方，透过清新的绿植，看到花盆的轮廓和隐隐约约的底色时，总能让人会心一笑。

color

该产品的创意来源于俄罗斯方块这款小游戏，使原本静止乏味的花盆拥有了生命力，也使得生活中增添了一些小趣味。花盆外壁是纯洁的白色，内壁是鲜艳的彩色，白色让人感觉干净清新，彩色令人精神愉悦。结合模块化的设计，使得使用者拥有更多的摆放方式。同时，陶瓷材料做花盆可以满足吸水性的需要，使产品易于与使用环境相结合。

material

精陶的机械强度和冲击强度比瓷器、炻器要小，同时它的釉比上述制品要软，所以当它的釉层损坏时，多孔的坯体容易被污染，从而影响卫生。俄罗斯方块花盆采用泥板成型的方法，这是一种将陶土碾、拍或切割成板状来制作器物的方法。这种方法在陶艺制作中运用广泛，变化丰富。泥板成型的器物可随陶土的湿度加以变化。比较湿软的泥板可以通过扭曲、卷曲等方法自由变化，随意造型；稍干的泥板可以制作成比较挺直的器物。泥板的厚度随器物大小而定，但应注意泥板的厚度要均匀。

finishing

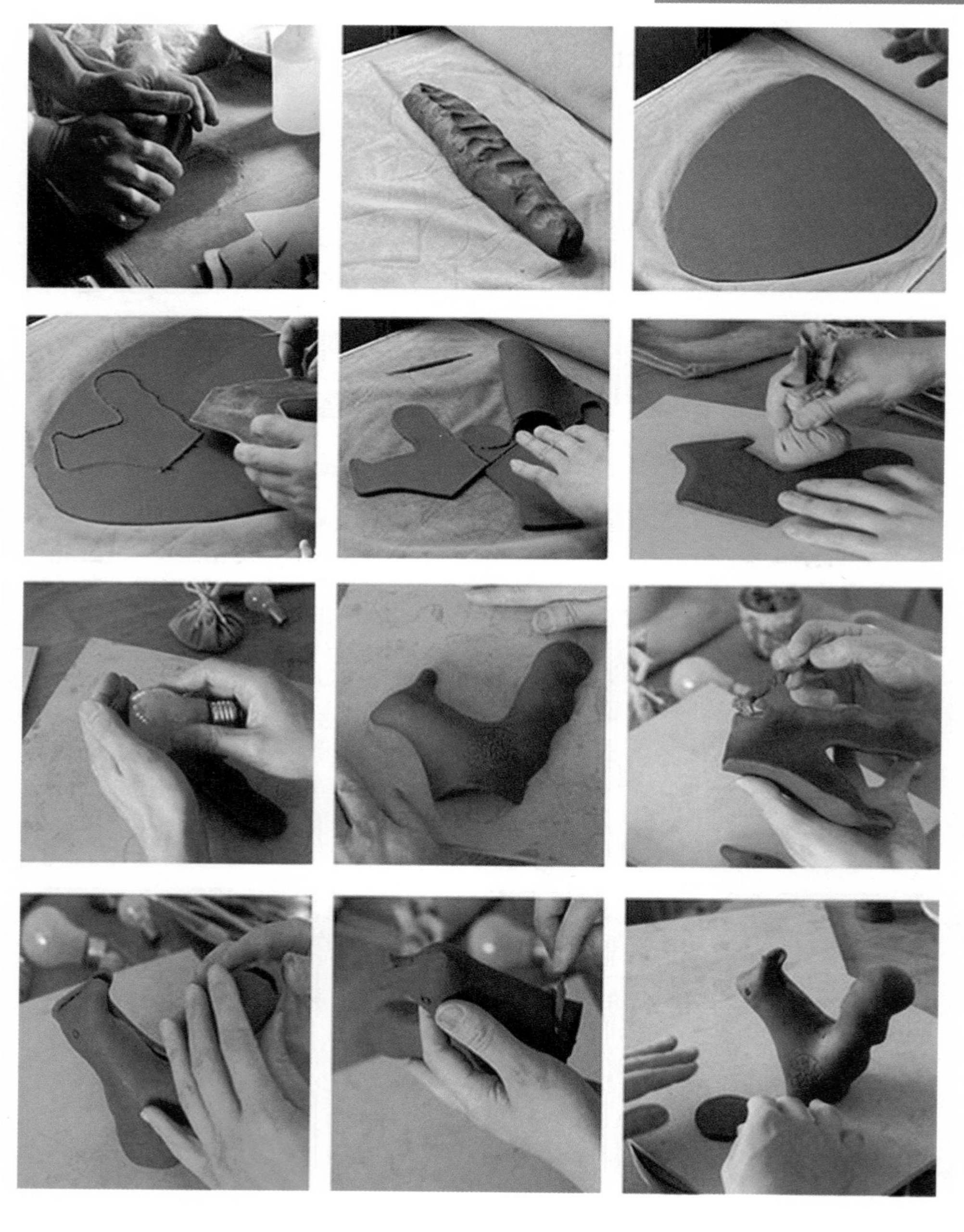

产品案例分析

泥板成型是将泥块通过人工或压泥机滚压成泥板，然后用这些泥板来进行塑造。滚泥板时，应把泥块放在一块布上进行，从泥块的中心向四周扩散，注意泥的厚度要适合所制作品的需要。由于泥板面积大，不易直立，在陶艺制作时可以利用一些辅助手法使其成型。

用泥板制作陶艺最主要的特征是容易形成较大、较完整的表面，成型速度较快。泥板成型技术要求很高，要制作好的泥板成型作品，必须掌握好泥板制作、 对所用泥料的感知、泥板接合等技术。

泥板成型法的特点是简洁。制作时利用泥的柔软性，可以像布一样成型，而利用泥板的坚硬特点时又可把它当木板一样来成型。泥板成型的表现力强，利用这一工艺手段制作的陶艺作品风格多样，可以是理性的表现，也可以是感性的抒发，或严谨、或粗犷。

步骤 1：取一块水分适中的泥巴，将其擀成一块厚度均匀的泥板，要求无气泡，并于阴凉处晾干。

步骤 2：待泥板七分干，裁切成想要做的形状和大小（尺寸要求计算精确），修饰边缘。

步骤 3：使用相应工具，辅助泥板形成相应的面。若需黏结作品，只需取两块泥板错位相接，在接口处涂上泥浆，接合；在接合处刷一层水，然后再搓泥条，把泥条放在接合处，用工具把它与泥板相接合，接合处做到浑然一体，看不出接痕。

步骤 4：做好的陶器放于阴凉处晾干。

China
瓷

关于瓷

瓷器是由瓷石、高岭土、石英石、莫来石等原料烧制而成，外表施有玻璃质釉或彩绘的器物。瓷器要经过高温（1280~1400℃）烧制，瓷器表面的釉色会因为温度的不同而发生各种化学变化。

中国是瓷器的故乡，瓷器是古代劳动人民的一个重要创造。谢肇淛在《五杂俎》中记载：“今俗语窑器谓之磁器者，盖磁州窑最多，故相延名之，如银称米提，墨称腴糜之类也。”当时出现的以“磁器”代称窑器是由磁州窑产量最多所致。这是迄今发现最早使用瓷器称谓的史料。

特性

强度高
电阻高
耐腐蚀
防水

来源

瓷在世界各地都有，中国是最大的瓷生产国。

价格

根据年代、用途不同价格上也有很大差异。

可持续性

不可以回收利用。

材料介绍

瓷器是我国重要的文物，是中华文明的瑰宝。中国闻名于世界，瓷器在其中起了极其重要的作用。中国一词的英文 china 原意是瓷器。瓷器以其独特的民族文化特色代表着中国悠久的文明。从瓷器的造型和装饰来看，它比较完美地体现了中国文化的面貌。

被称为瓷都的江西景德镇在元代出产的青花瓷已成为瓷器的代表。青花瓷釉质透明如水，坯体质薄轻巧，洁白的瓷体上敷以蓝色纹饰，素雅清新，充满生机。青花瓷一经出现便风靡一时，成为景德镇的传统名瓷之冠。青花瓷用含氧化钴的钴矿为原料，在陶瓷坯体上描绘纹饰，再罩上一层透明釉，经高温还原焰一次烧成。钴料烧制后呈蓝色，具有着色力强、发色鲜艳、烧成率高、呈色稳定的特点。

产品案例分析

苏格兰威士忌俱乐部系列吊灯

By Mashallah Apparatu

产品介绍

这是一款陶瓷聚光灯，大量的面板使用户能够向任何方向调整光线。 陶瓷的温暖质感与球体的平面边缘形成对比，使其看起来好像在调皮地眨眼。吊灯的名字来源于欧洲第一个迪斯科舞厅。将这一系列的吊灯命名为“苏格兰威士忌俱乐部”，是因为陶瓷聚光灯是迪斯科舞会的减配版。

产品案例分析

color

吊灯系列采用了白色、蓝色、赤色或黑色陶瓷搭配精美的白色或金色珐琅内饰，既绚烂美妙又独特雅致，展现了来自苏格兰的亲切和温柔。吊灯采用三种尺寸：17cm、26 cm 和 41 cm，可通过不同尺寸大小吊灯的组合构成别具一格的空中雕塑造型。

material

苏格兰威士忌俱乐部系列吊灯是由 72 面组成的多边形陶瓷聚光灯，其灵感来源于旋转的迪斯科舞会灯光。灯具内部向各个方向反射光线，从远处看则表现为一个独特的形状。灯具的外层使用了专门为此功能而开发的釉料，并结合了温暖、高品质的黄金材料，体现出灯具的高品质。

产品案例分析

finishing

苏格兰威士忌俱乐部系列吊灯采用的是注浆成型的加工工艺。注浆成型包括空心注浆和实心注浆两种方式。空心注浆也被称为单面注浆，这种加工方式适用于浇注壶、罐、瓶、灯等空心器皿。实心注浆使用的泥浆密度相对空心注浆更大一些，可以制作更复杂的模型。注浆成型过程包括料浆制备、模具制备和料浆浇注。其中的关键工序是料浆制备，要求料浆具有良好的流动性、足够小的黏性以及良好的悬浮性等。目前比较常用的注浆成型模具为石膏模。

产品案例分析

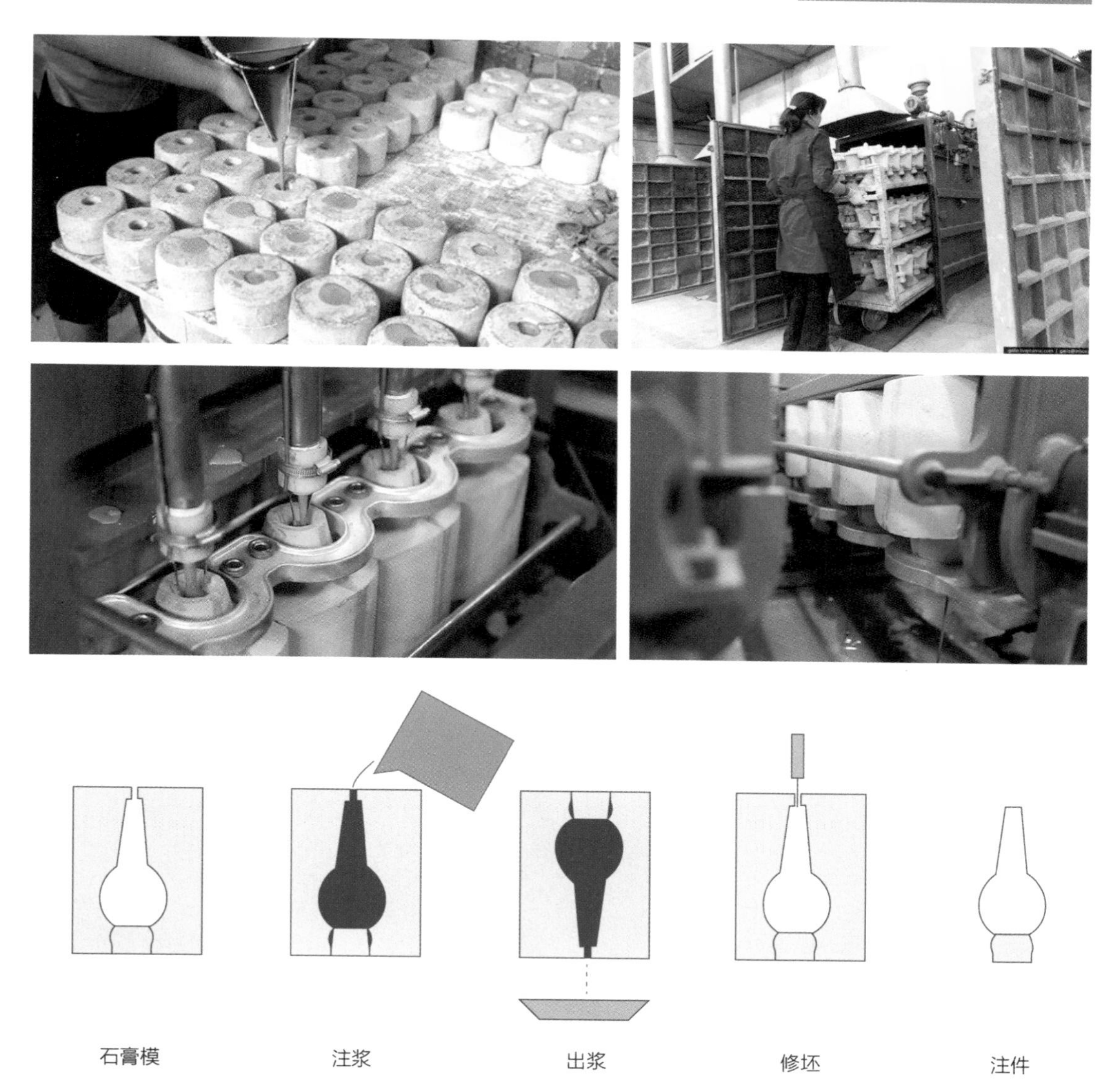

注浆成型是陶瓷工艺广泛使用的一种成型方法。注浆成型是指选择适当的解胶剂（反絮凝剂），使粉状原料均匀地悬浮在溶液中，调成泥浆，然后浇注到有吸水性的模型（一般为石膏模）中吸去水分，按模型形状成型成坯体的方法。

注浆成型的优点包括：①胎壁轻薄而均匀，持拿移动轻便省力；②成型操作技术较易掌握，有利于批量复制；③能使陶瓷器物的坯胎造型比较规整，同时能较纯正地保持陶瓷器物造型的原样；④成型周期较短，原材料消耗较少，成本较低。

Bone China
骨瓷

关于骨瓷

骨瓷又称骨质瓷，是在烧制的瓷泥中添加了动物（猪、牛）骨灰，以改善瓷器的玻化及透光度。骨瓷是一种低温软性瓷，无法手工拉制，只能用模具旋制或注浆成型等成型工艺生产。换言之，骨瓷基本为批量生产，少量个别生产成本太高。

特性

可防水
耐腐蚀
强度硬度高
胎体薄

来源

高岭土是骨瓷的一种主要原料，广泛存在。

价格

根据年代、用途不同价格上也有很大差异。

可持续性

骨瓷多是低铅或无铅产品。

材料介绍

骨瓷原称骨粉质瓷，使用的是骨粉加上石英混合而成的瓷土。骨粉含量在 43%~45% 之间的称为优质骨瓷 (Fine Bone China)。

骨粉用牛、羊、猪骨等，其中以牛骨为佳。这一成分可以增加瓷器的硬度与透光度，且强度高于一般瓷器，所以可以做得比一般瓷器薄。将瓷器置于灯光下，可隐隐透光。骨质含量越高，在制作过程中就越易烧裂，所以成品就越贵。骨瓷成品质地轻巧、细密坚硬（是日用瓷的两倍）、不易磨损及破裂、有适度的透光性和保温性、色泽呈天然骨粉独有的自然奶白色或乳白色。骨瓷用料考究，制作精细，标准严格，它的规整度、洁白度、透明度、热稳定性等诸项理化指标均要求极高。

产品案例分析

多边形骨瓷碗

By Julien de Smedt

产品介绍

建筑师 Julien de Smedt 为丹麦品牌 Muuto 设计的骨瓷碗由等边三角形组成，是通过用于生成大型建筑项目的计算机建模软件进行设计的，还将人体工程学和美学添加到造型设计中。多边形骨瓷碗有大和小两个版本。

color

产品色泽为乳白色，釉色均匀，胎薄明亮。将其置于光源上，透光性强，色泽柔和，给人高雅、神秘的感觉，同时又具有很强的观赏性。白色代表高洁、明亮，象征高级、科技，给人以寒冷、严峻的视觉感受，所以在使用白色时，通常会掺杂一些其他色彩，如象牙白、米白、乳白、苹果白等。在生活用品和服饰上，白色是永远流行的主要色，可以和任何颜色搭配。

material

多边形骨瓷碗由多个等边三角形瓷片组成，在光线下变化丰富，充满科技感。骨瓷细腻通透的质感与多边切割的前沿设计相结合，使该产品适用于多种场合。

finishing

本案例采用注浆成型的加工工艺。注浆成型应用范围很广，凡是形状复杂、不规则的、壁薄的、体积大的器物都可以用注浆成型法，如一般日用陶瓷类的花瓶、汤碗、菜盘、茶壶，卫生洁具类的坐便器、洗面盆以及各种形状的工艺瓷器，还有相当一部分工业陶瓷、特种陶瓷产品等。

Nanoscale Zirconia Ceramic 纳米氧化锆陶瓷

关于纳米氧化锆陶瓷

纳米氧化锆为白色固体，熔点 2397℃，沸点 4275℃，硬度较大，常温下为绝缘体，高温下则具有优良的导电性。在常压下，纯 ZrO_2 共有三种晶态。

纳米氧化锆陶瓷呈白色，含杂质时呈黄色或灰色，一般含有 HfO_2，不易分离。纳米氧化锆陶瓷的生产要求制备高纯、分散性能好、粒子超细、粒度分布窄的粉体，氧化锆超细粉末的制备方法很多。氧化锆的提纯主要有氯化和热分解法、碱金属氧化分解法、石灰熔融法、等离子弧法、沉淀法、胶体法、水解法、喷雾热解法等。

特性

硬度高且耐磨

不易产生细菌

对皮肤不过敏

无毒环保

来源

氧化锆通常由锆矿石提纯制得，世界上已探明的锆资源约为 1900 万吨。

价格

112 美元 / 千克（中国上海地区）（2019 年 7 月）。

可持续性

提取方式多样。随着技术的进步，纳米氧化锆陶瓷会大大提高强度、韧性以及耐磨性和抗老化性，延长产品的使用周期。

材料介绍

在结构陶瓷方面，纳米氧化锆陶瓷具有高韧性、高抗弯强度和高耐磨性、优异的隔热性能、热膨胀系数接近于钢等优点，因此被广泛应用于结构陶瓷领域。其产品主要有Y-TZP磨球、分散和研磨介质、喷嘴、球阀球座、氧化锆模具、微型风扇轴心、光纤插针、光纤套筒、拉丝模和切割工具、耐磨刀具、服装纽扣、表壳及表带、手链及吊坠、滚珠轴承、高尔夫球的轻型击球棒及其他室温耐磨零器件等。

纳米氧化锆陶瓷被誉为“陶瓷钢”。氧化锆产品抛光后质地如玉，深受消费者喜爱，尤其被苹果引入Apple Watch后，彻底引爆了3C市场。

在功能陶瓷方面，由于其优异的耐高温性能，常常被作为感应加热管、耐火材料、发热元件使用。纳米氧化锆陶瓷具有敏感的电性能参数，主要应用于氧传感器、固体氧化物燃料电池(Solid Oxide Fuel Cell, SOFC）和高温发热体等领域。ZrO_2具有较高的折射率，在超细的氧化锆粉末中添加一定的着色元素（V_2O_5, MoO_3, Fe_2O_3等），可将它制成多彩的半透明多晶ZrO_2材料，像天然宝石一样闪烁着绚丽多彩的光芒，可制成各种装饰品。另外，氧化锆在热障涂层、催化剂载体、医疗、保健、耐火材料、纺织等领域也得到广泛应用。

产品案例分析

小米 MIX

By Philippe Starck

产品介绍

小米 MIX 采用了全陶瓷机身，包括机身背部、边框甚至按键，全都采用了纳米氧化锆陶瓷。陶瓷机身是小米 MIX 首创之作，而且制作极为耗时，并且良品率极低。雷军在小米 MIX 发布会上称，烧制 100 片陶瓷，最终综合良品率只有 5 片左右。然而随着工艺的慢慢成熟，陶瓷机身的良品率也提升不少。陶瓷材料也是“指纹收集器”，尤其是黑色版本，需要不停地擦拭陶瓷表面以去除指纹。

color

陶瓷手机机身颜色比较单一，一直以来都处于“非黑即白”的局面。陶瓷材料加工周期长、工艺难度大、成本投入高，在玻璃、金属等传统材质上所使用的着色工艺很难满足陶瓷材料的着色需求。小米 MIX 有白色、黑色两种颜色，黑色版在外观上更胜一筹。黑色屏幕与黑色机身融为一体，背后的摄像头周围也是黑色，黑色版显得十分完美。

material

现代的极简设计与传统的精密陶瓷工艺在小米 MIX 身上完美融合。机身选用仅次于蓝宝石硬度的微晶锆陶瓷为坯料，通过烧制获得陶瓷的璀璨质感。背部、边框、按键全部使用陶瓷材料，外观极致纯粹，摸起来却温润如玉，宛若有生命的未来精灵。

finishing

纳米氧化锆陶瓷的成型工艺有压制成型、注浆成型、热压铸成型、流延成型、注射成型、塑性挤压成型、胶态凝固成型等。其中，压制成型法又称为模压成型（Molding Process），其中应用较为广泛的是干压成型和等静压成型两种。由于干压成型适合于低成本、大批量生产形状简单的零件，在手机背板成型中，所采用的压制成型方法一般为干压成型。

干压成型是将粉料（含水量控制在 4%~7%，甚至可达 1%~4%）中加入少量黏结剂进行造粒，然后将造粒后的粉料置于模具中，通过压头施加压力。压头在模腔内位移，传递压力，使模腔内的粉体颗粒重排变形而被压实，形成具有一定强度和形状的陶瓷素坯，再经过烧结、数控加工、研磨抛光、激光雕刻等工艺，得到精致的手机盖板。

P

上模冲

阴模

密度

粉料

模垫
或下模冲

单面加压

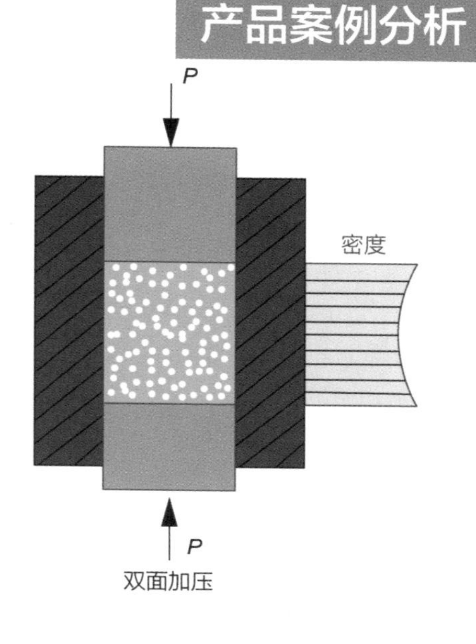

双面加压

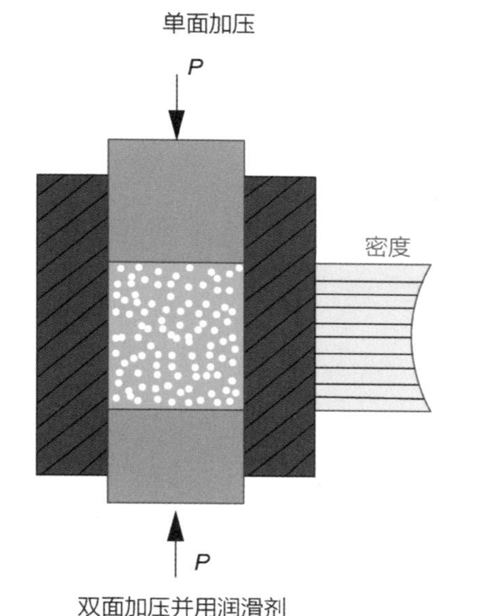

双面加压并用润滑剂

在干压成型中，加压方式有单面加压和双面加压两种。由于加压方式不同，压力在模具内及粉料间摩擦、传递与分布情况也不同，因而坯体的密度也不相同。

单面加压时，压力通过模具塞由上加压，这时由于粉料之间以及粉料与模壁之间的摩擦阻力，产生压力梯度，越往下压力越小，压力分布不均。

双面加压与单面加压相比，在于上下同时受压，此时各种摩擦阻力的情况并不改变，但是其压力梯度的有效传递距离短了，由于摩擦力而带来的能量损失也减少了。在这种情况下，坯体的密度相对均匀。

干压成型工艺

干压成型的工艺流程如下。

① 喂料：将粉料颗粒装填入模框内。为了保证坯体的规格和质量，喂料应该均匀并定量。

② 加压成型：利用模具之间的相对运动给疏松的粉料施加压力，使粉料压紧成致密的坯体。

③ 脱模：将成型的坯体从模具型腔内脱出。

④ 出坯：将顶出的坯体移动至坯台面上或输送带上。

⑤ 清理模具：必要时还需要在模腔内壁喷油来润滑。

产品案例分析

陶瓷刀

By 京瓷株式会社

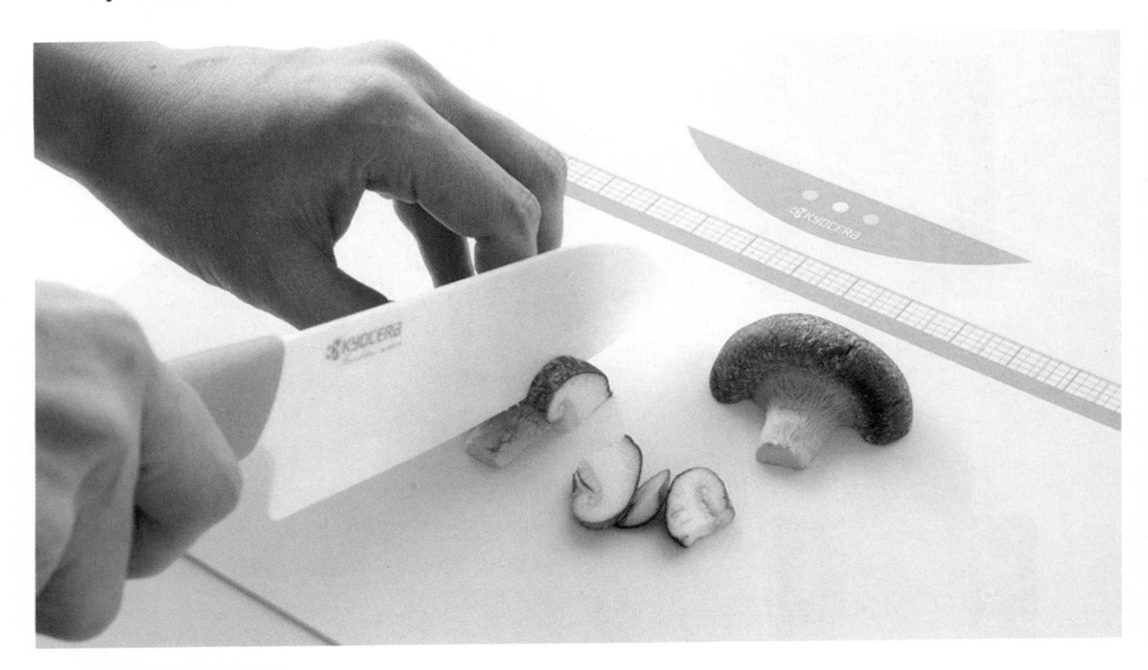

产品介绍

京瓷株式会社是世界上历史最悠久、规模最大的高品质陶瓷刀具制造商之一。这款陶瓷刀具使用精密陶瓷研制而成，具有耐磨、高密度、高硬度、无毛细孔、不藏污纳垢、切削速度快、清洗方便等特点，但易被摔碎，仅适用于非硬性食物。刀柄的弧度设计符合人体工程学，抓握舒适，刀身小巧精致，方便收纳和携带。整套刀具附带砧板，砧板表面的凸起和刻度设计方便准确地切割果蔬。

color

刀具颜色多样，有红色、橙色、黄色、绿色、蓝色、紫色和粉色七种颜色。鲜亮的色彩在展现刀具高颜值的同时增加了刀具的亲切感，活泼可爱，充满生机，成为装点厨房生活的一抹亮色。其中，京瓷株式会社将推出的粉色系列命名为“粉红丝带”，这一系列的部分收益会捐赠给关注女性身体健康的活动，俏皮可爱的粉色既体现了女性的温柔又中和了刀具的冰冷质感。

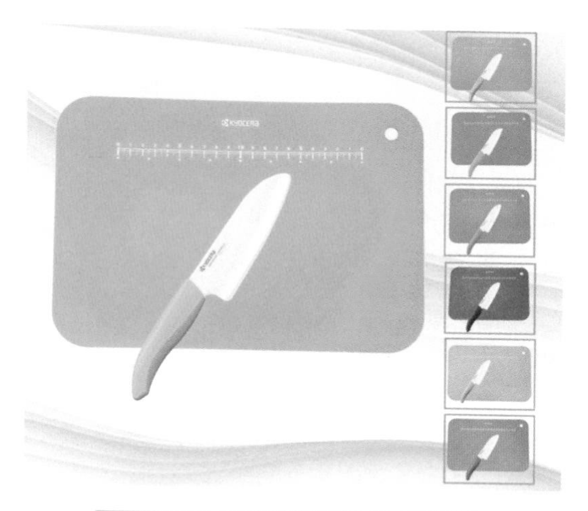

material

纳米氧化锆的硬度极高，仅次于世界上最硬的天然物质——钻石和刚玉，耐用性好。用它制作的刀具轻薄锐利，刀柄使用树脂材质，用户长时间使用也不会感觉手腕疲劳。

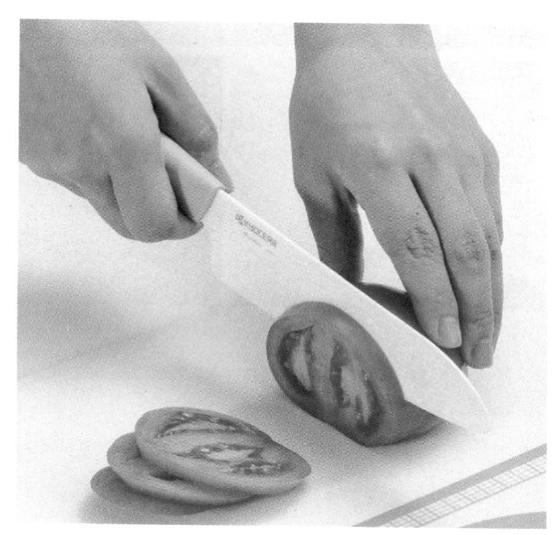

产品案例分析

finishing

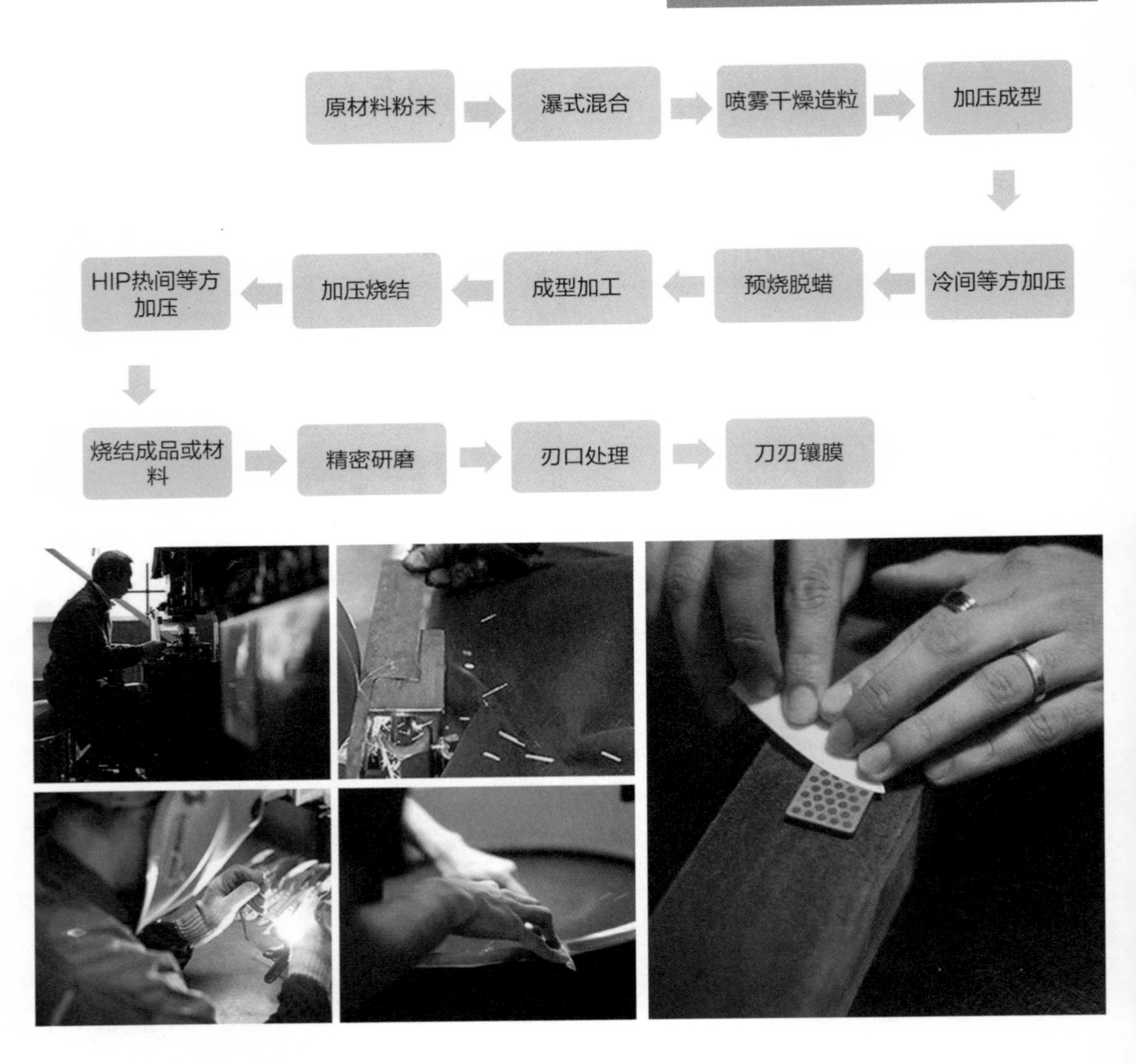

氧化锆的烧结工艺分为常规电炉烧结、热压烧结、热等静压烧结和微波烧结。目前常规电炉烧结是陶瓷材料生产中最常采用的烧结方式，而高性能的陶瓷制品则常采用热等静压烧结方式。热等静压烧结的产品密度均匀，力学性能优异，且各向同性。采用无包套热等静压烧结工艺烧结的坯体不受形状影响，特别适合复杂形状零件的制造。

章节思考

英国国宝级瓷器品牌 Wedgwood 为庆祝皇后御用瓷器 Queen's Ware 系列产品诞生 250 周年，在皇后御用瓷器的基础上，结合花卉设计及青鸟纹饰，推出富含深厚历史意义的 Blue Bird（青鸟）瓷器茶餐具及礼品系列。

Queen's Ware 250 年纪念手绘饰架是匠心独具的传世经典之作，它以炫目而繁复的结构，堆叠数款巧夺天工的皇后御用瓷器。技艺高超的工匠需花费 13 个工作日，才能完成一组成品，其中大量的时间均花在手工绘图和上色上。饰架上小提篮的麻花状提把均为手工扭制，再牢固地和篮子黏合在一起。

试从 CMF 角度对青鸟系列和手绘饰架进行分析。

第七章 其他材质

本章主要介绍了皮革、树皮、菌丝体、玻璃（高硼硅玻璃、水晶玻璃）。随着社会的发展，材质也在不停地更新和替代，新材质越来越多地应用于人们的生活中，涉及领域也越来越广。

Leather
皮革

关于皮革

皮是经脱毛和鞣制等物理、化学加工所得到的已经变性且不易腐烂的动物皮。革是由天然蛋白质纤维在三维空间紧密编织构成的面料。皮革给人丰富、温暖又独特的感觉，是一种非常感性的材料，其表面有特殊的粒面层，具有自然的粒纹和光泽，被破开的时候会发出“嘎吱嘎吱”的响声，手感舒适。

特性

致密多孔
韧性强
耐穿耐用
给人丰富的联想
防水
方便抓握

来源

来源广泛。

价格

价格波动很大，与生产的人力成本、皮革的种类和质量、皮面瑕疵的大小有关。

可持续性

皮革生产对环境的影响是巨大的，不仅在鞣制中需要用到有害的化学品，在生产过程中也会产生工业废水。

材料介绍

皮革具有质密多孔、吸湿排汗、韧性好、耐磨耐寒、耐穿耐用、方便清理、质感高档等优点，但其缺点也很多，如物理性能比较差、厚度不均匀、不耐碱、价格昂贵、资源有限、使用率低、制作工艺不环保、工艺处理过程会含铬和甲醛等有害物质。

皮革的朴实感是与生俱来的，它是人类使用最古老的服装材料之一，而且一直为人们所钟爱。皮革服装在流行时装中的位置很重要，好的皮质不仅能烘托作品效果，还能起到画龙点睛的作用。

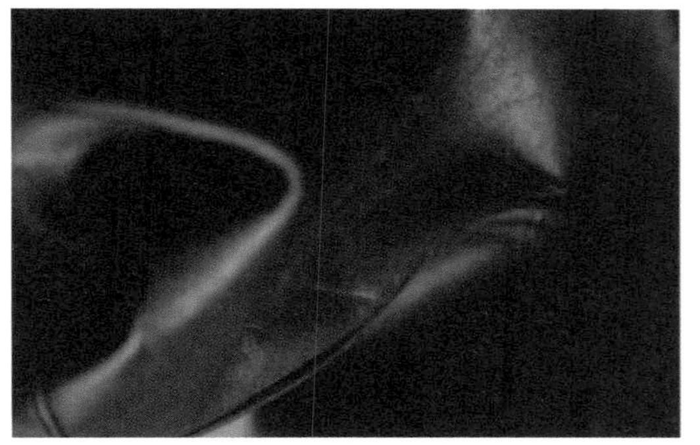

产品案例分析

Moore 皮革休闲椅

By 菲利普 · 斯塔克

产品介绍

这款 Moore 皮革休闲椅是法国设计大师菲利普 · 斯塔克（Philippe Starck）2009 年设计的作品。Moore 就像初开的花朵，蕴含着含苞待放的羞涩。不锈钢的底座，象征着 Moore 如同杰出的艺术展品，玻璃纤维塑形的主体美丽而动感，内层铺入提升质感的皮革座面，设计中富含优雅、优雅中体验舒适，该作品让艺术美学和生活自然地层层交汇，带来宜人的使用感受。

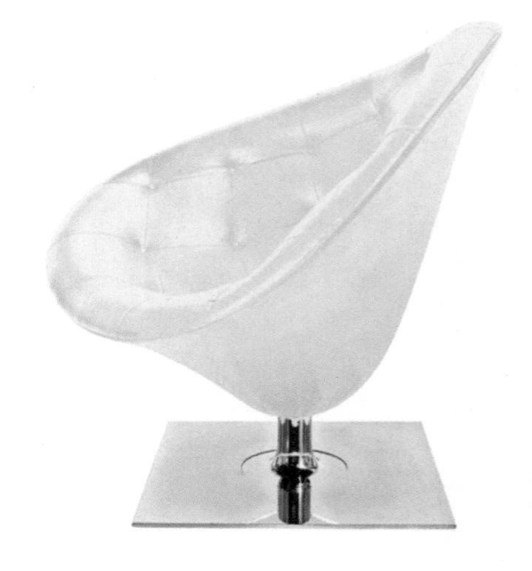

color

这款休闲椅在颜色上选用了中性色系中的白色（给人纯洁、干净的感觉）和黑色（给人深沉、稳重的感觉），能够满足不同用户对产品不同的色彩需求。

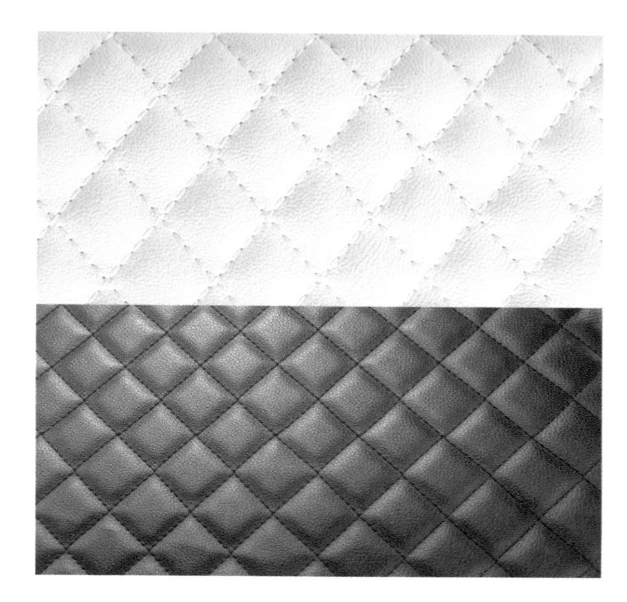

material

休闲椅的座面采用皮革材质，这类材质具有柔软、抗撕裂性、耐曲折性等物理性能，并且透气、耐磨、强度高、易清洗，具有高吸湿性和透气性，具有天然独特的美感。真皮与人造革的功能接近，表面光滑，坐上去感觉舒适，但真皮毛孔细密，透气性更好。

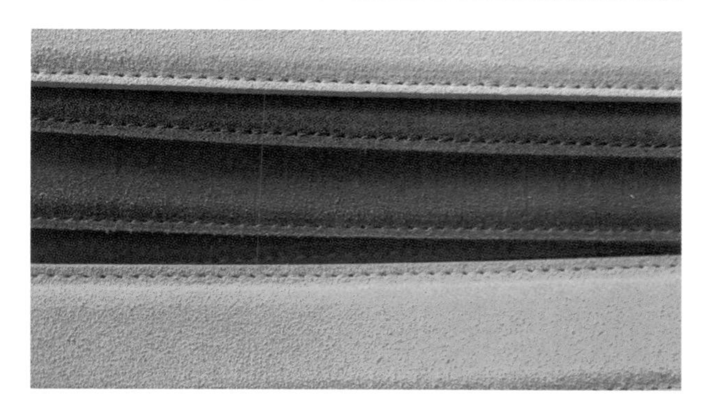

产品案例分析

finishing

鞣制是鞣剂分子向皮内渗透并与生皮胶原分子活性基因结合而使皮发生性质改变的过程。鞣制使皮胶原多肽链之间生成交联键，增加了胶原结构的稳定性，提高了收缩温度及耐湿热稳定性，改善了抗酸、碱、酶等化学品的能力。

皮革鞣制的工序多数相同，通常将这些工序分为四大工段：鞣前准备工段、鞣制工段、鞣后湿加工工段、干燥及整饰工段。

工艺流程：生皮 – 浸水 – 去肉 – 脱脂 – 脱毛 – 浸碱 – 膨胀 – 脱灰 – 软化 – 浸酸 – 鞣制 – 剖层 – 削匀 – 复鞣 – 中和 – 染色 – 加油 – 填充 – 干燥 – 整理 – 涂饰 – 成品皮革。

产品案例分析

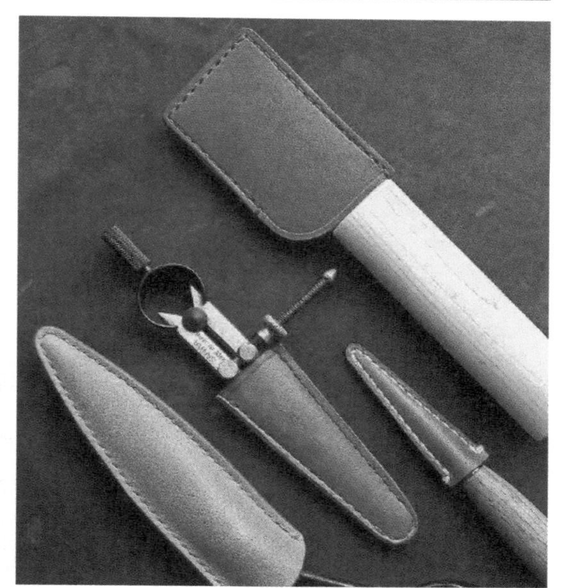

步骤 1：鞣前准备工段，削除多余的残肉及油脂。

步骤 2：鞣制工段，去除毛发、脂肪等，经浸酸加鞣剂鞣制，把生皮转化成蓝皮，蓝皮经分层就可复鞣染色成皮坯。

步骤 3：鞣后湿加工工段，挤水、干燥与摔软。染色的皮挤压出水，绷板烘干，再摔软。

步骤 4：干燥及整饰工段，利用化料涂饰增强皮坯抗磨损、防污性能，改变手感、美化颜色，然后进行皮革裁剪和皮革修补。

工艺成本：加工费用低，单件费用适中。
典型产品：服饰、箱包、家具等产品。
产量：单件、中批量皆可。
质量：成品柔软，耐用性好。
速度：单件成型速度中等。

Bark
树皮

关于树皮

树皮广义的概念指茎（老树干）维管形成层以外的所有组织，是树干外围的保护结构，即木材采伐或加工生产时能从树干上剥下来的部分。树皮由内到外包括韧皮部、皮层和多次形成累积的周皮以及木栓层以外的一切死组织。

特性

100% 有机

顺纤维方向难撕裂

每块材料都是独一无二的

耐磨和防水

来源

来源广泛。

价格

价格不等。

可持续性

制作过程不添加任何化学品或药剂。

材料介绍

树皮是木质植物，例如树的茎和根最外面的部分。狭义的树皮包括三层：木栓、木栓形成层和栓内层，以及外部的各种死组织。广义的树皮还包括韧皮部。有的植物的树皮中含有各种生物碱、单宁，可以提炼各种药材、染料、香料、树脂等，也可以用某些种类的树皮做软木、绳索、织布、造树皮船、绘制树皮画等，或直接用树皮作为装饰。

树皮相对于传统织物来说是易碎的，易碎程度介于纸、皮革和亚麻布之间。与采集其他任何自然产品一样，树皮的采集同样需要多层的考虑。在应用方面，树皮不太可能被制成新型材料，但是作为设计师应思考如何在现代设计中巧妙使用树皮。

产品案例分析

落地灯

By 弗洛里斯 · 伍本

产品介绍

这是荷兰设计师弗洛里斯 · 伍本 (Floris Wubben) 设计的一款由原始树枝和树皮制成的落地灯。它尽可能地保持了木材的自然形态，仅在下端将其分成三个部分，作为灯的支撑。树皮几乎完全是从该树枝上剥落的，并且按规律旋转形成灯罩。在保留其自然本色的同时，树枝的每个部分都获得了新的功能。因此，每盏灯都是一个独特的设计。

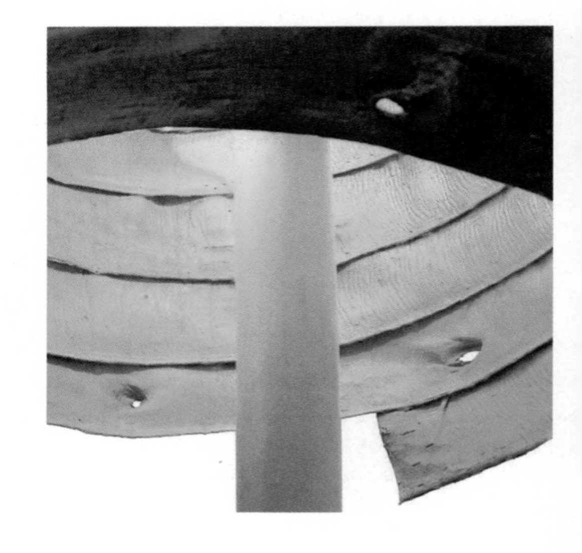

color

该设计试图尽可能减少人工材料的使用，保持其最原本的形态、质地与颜色。剥落的树皮旋转形成灯罩，自然层叠形成阴影。灯能够提供足够的光线，照亮房子的角落。透过天然树皮发出的灯光非常柔和，暖光使整个灯具更添温馨，并散发着自然的味道。

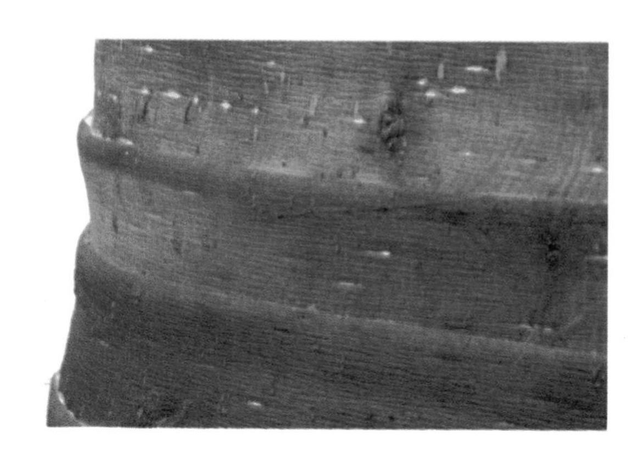

material

该设计将材料置于新的视角中，在改造和组合材料的过程中，赋予其全新的面貌。树皮古朴的纹理，粗糙中带着细腻，给人一种优雅复古的感觉。这款产品没有过多、过复杂的加工工艺，只需要将树木切成段，经过蒸煮、剥皮、裁剪、切割和层压等工序即可制成。树皮经过蒸煮之后，质地会变得柔软易塑造，而且防水防腐耐潮，经久耐用，相对于生硬的木头和娇气的动物皮革，显得温和近人。

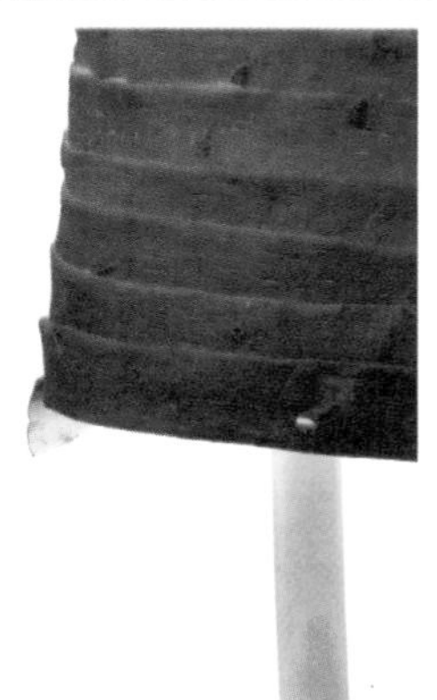

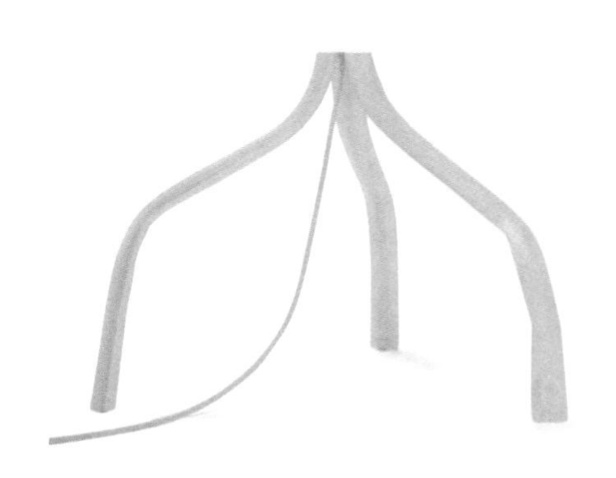

Mycelium
菌丝体

关于菌丝体

菌丝体是菌丝的集合体，纵横交错、形态各异，具有多样性。菌丝细胞的分裂多在每条菌丝的顶端进行，前端分枝。按照发育顺序，菌丝体可分为初生菌丝体、次生菌丝体和三次菌丝体。菌丝在基质中或培养基上蔓延伸展，反复分枝为网状或菌丝群。

特性

轻量
自然阻燃
减震吸声
成本低
保温性能好
低水耗
快速生长，可生物降解

来源

有专业供应商。

价格

和聚苯乙烯泡沫相当，甚至更低。

可持续性

减少浪费和减少塑料的使用，是可持续材料。

材料介绍

菌丝体由许多分支的菌丝组成，菌丝体可以存在于土壤或许多其他基质中。一颗典型的孢子可萌发出一个同源的菌丝体，尚不能进行有性生殖，两个同源菌丝体进行融合并形成一个双核菌丝体后才能进行有性生殖，并产生子实体。

和细菌纤维素一样，菌丝体不是被生产出来的，它可以自然生长并根据形状约束长成所要求的形状。在新兴材料的研究方面，菌丝大量连接形成的菌丝体在模具内生长，最终形成特殊形态的产品。菌丝体生长速度快、耗水低、环保可降解，可以作为发泡塑料的代替品，在包装、建材等方面都有可替代性，价格也大致相当。

产品案例分析

蘑菇包装

By IKEA

产品介绍

未来的蘑菇不仅能吃，可能还会成为家具、建筑的使用材料。瑞典家具连锁企业宜家 (Ikea) 用一种以菌类为原材料制成的环境友好型包装材料，取代现在大量使用的塑料包装。蘑菇包装的形态和塑料很像，却是以农作物废料为原料制成的。比起传统的塑料包装，这种新型包装材料更容易降解。这种被称作“蘑菇包装”(Mushroom Packaging) 的天然包装材料可以在数周内完全降解，对自然环境的危害远远小于塑料。

color

此款产品在颜色上选用材料本身的固有色，并没有进行过多的染色加工工艺，最大程度上保留了蘑菇粗糙有机体的外观，更加环保、绿色。

material

这款蘑菇包装的主要成分是纤维含量丰富的菌丝体。塑料中的聚苯乙烯需要数千年才能降解，而菌丝体的降解程序简单，只要将它们扔在花园里，能在几周内自然降解。所以用菌丝体这样的菌类材料来替代聚苯乙烯等材料能在很大程度上减少对环境的污染。

将经过净化处理的麦秸和谷糠等农业废弃物固定为模具的形状，让菌丝体在其中生长，就可以像塑料行业一样把产品塑造成任何形状。通过这种方式可以创造许多不同属性的材料，如隔音的、防火的、防潮的、防蒸汽的、防震的材料。

产品案例分析

finishing

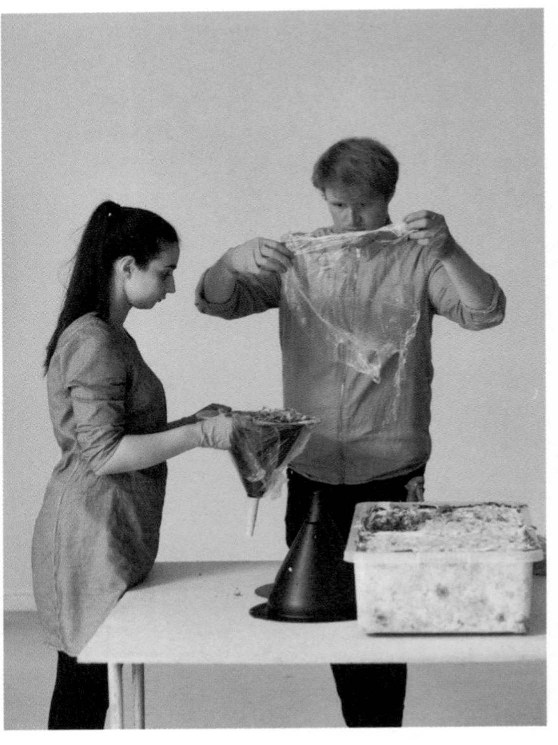

蘑菇菌丝是菌丝体的分支。以右图为例，蘑菇下方就是菌丝体，虽然菌丝体已经很纤细，但看起来菌丝会比它更纤细。菌丝体作为黏合木材的胶水的天然替代品，可以起到保护环境的作用。这也是它被发现能作为黏合剂的一个重要原因。

菌丝体可以和其他材料混合，可以用木屑废物作为基质材料，菌丝体作为“黏合剂”进行混合。比如，将丢弃的柳树切成薄条，编织成模具，在模具中添加菌丝孢子。经过一段时间后，生长为成型的交织线，然后将其干燥并制成成品。

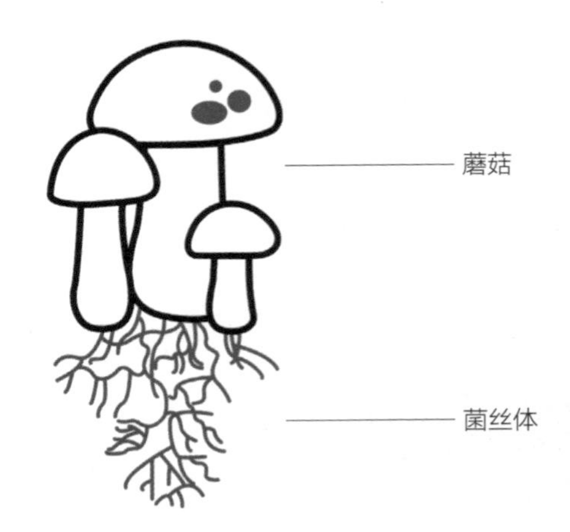

产品案例分析

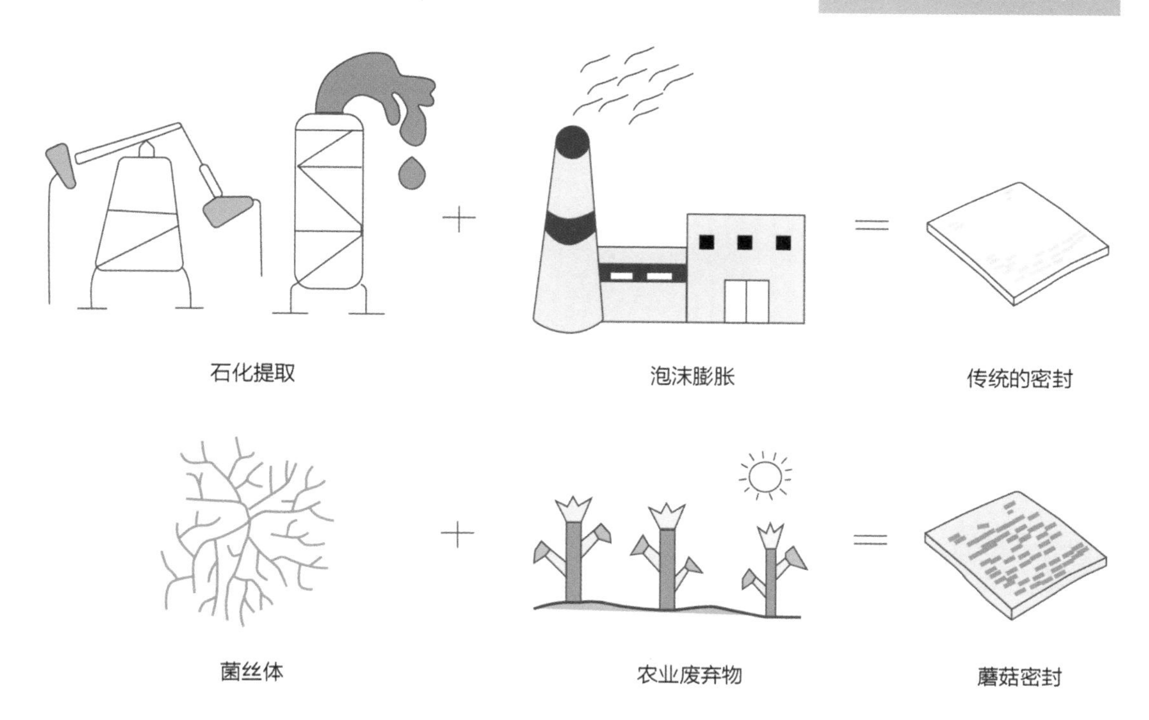

步骤 1：将轧棉碎屑、稻壳、荞麦壳经过蒸汽清洁处理。混合物的成分决定最终产品的弹性、强度、防火性能。

步骤 2：在处理后的农业垃圾中加入菌丝孢子，然后装进各种形状的模具中。

步骤 3：菌丝分泌出一种物质分解纤维素，将其变成一种聚合体，就像有生命的黏合剂一样填满模具的每个缝隙和角落。

步骤 4：在接下来几天里，菌丝将消耗大部分有机材料，将农业废料变成比头发丝更细的细丝。

步骤 5：将成品从模具中取出。它柔软但坚韧，每立方厘米大约包含 4.8 公里长的菌丝纤维，整个生产过程不消耗一点能源。

工艺成本：模具费用低，单件费用低。

典型产品：环保材料包装、室内装饰材料、家具等产品。

产量：单件、小批量均可。

质量：菌丝材料可塑性高，性能好、使用方便。

速度：单件成型速度中等，具体由菌丝体成长速度决定。

Borosilicate Glass
高硼硅玻璃

关于高硼硅玻璃

高硼硅玻璃（又名硬质玻璃），是以氧化钠、氧化硼、二氧化硅为基本成分的一种玻璃。该玻璃成分中硼硅含量较高。它是一种低膨胀率、耐高温、高强度、高硬度、高透光率和高化学稳定性的特殊玻璃材料，因其优异的性能，被广泛应用于太阳能、化工、医药包装、电光源、工艺饰品等行业。它的良好性能已得到世界各地的认可，特别是在太阳能领域应用更为广泛。

特性

低膨胀率
耐高温
高强度
高硬度
高透光率

来源

在传统玻璃中加入釉料水玻璃砂、苏打水和石灰制作而成。

价格

相对于普通玻璃价格较高。

可持续性

玻璃有着可回收利用的特性，80%~90% 的废旧玻璃可回收利用。玻璃无毒害作用，绿色环保。

材料介绍

高硼硅玻璃是由奥托·肖特发明的，他后来又发明了玻璃产业中极其重要的肖特玻璃。

高硼硅玻璃具有优良的物理化学性能，它的硅含量在 80% 左右，玻璃的内部结构稳定性极为良好，因而具有较好的物理性能和化学性能；由于它的低热膨胀系数，能更好地承受较高的温差。

高硼硅玻璃的耐火性能和物理强度使其成为制造烧杯和试管等高耐久性玻璃仪器的理想选择。玻璃炊具是另一种常见的用法，高硼硅玻璃量杯也广泛在厨房使用。

水族馆加热器有时也用高硼硅玻璃制作。由于它的高耐热性，可以容忍水与镍铬合金加热元件的温度差异。许多高品质的手电筒镜片使用的也是高硼硅玻璃，它比塑料和低质量的玻璃的透光率高。专业打火机和烟斗也使用高硼硅玻璃，高耐热性保证其能使用较长时间。

高硼硅玻璃具有非常低的热膨胀系数，耐高温，耐 200 度的温差剧变。高硼硅玻璃也用于卤素灯的反光耐热灯罩和必须采用耐热玻璃的电器设备，如微波炉专用玻璃转盘、微波炉灯罩、舞台灯光反射罩、滚筒洗衣机观察窗、耐热茶壶茶杯、太阳能集热管等。

产品案例分析

猫爪杯

By STARBUCKS

产品介绍

猫爪杯是星巴克在门店限量发售的一款粉色双层玻璃杯。在星巴克的 2019 春季新品中，不少杯子的造型、设计都离不开猫、狗和樱花。而在这些新款杯子中，最受欢迎的当属这款名为“猫爪杯”的杯子。猫爪杯由透明玻璃材质制成，杯子内层设计为猫爪形状，外层印有樱花图案，当内部倒入有颜色的液体时，猫爪形状便浮现出来了，趣味十足。

color

这款杯子有内外两层透明玻璃，点缀了樱花元素，内部以猫爪状为容器，粉粉的颜色，一下就传递出春日气息，戳中消费者的少女心。

material

猫爪杯选用高硼硅玻璃，其化学性能较为稳定，膨胀率较低，相比传统的玻璃更耐高温和低温。玻璃杯通过采用双层结构，大大地降低了杯身的导热性，在使用时可起到隔热防烫的作用，提升了杯子使用的舒适性。

产品案例分析

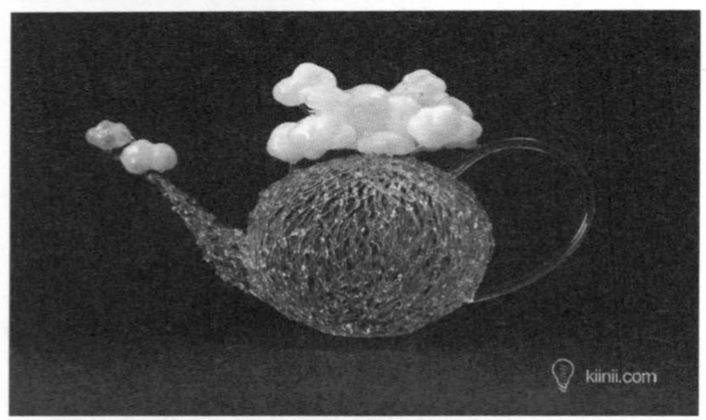

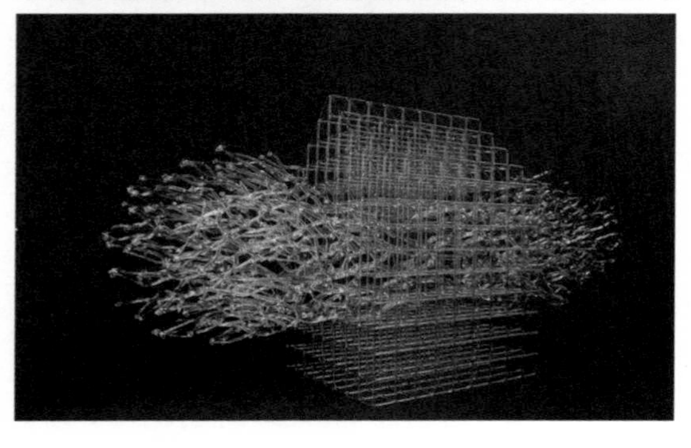

finishing

“猫爪杯”制作主要分为内层制作、外层制作和内外接合三个步骤。

内层制作：首先将玻璃进行高温软化，然后分割，这个过程被称为拉丝。之后熔融玻璃落入一个模具中，做成中空状，再在另一个模具中通过工业用气吹成所需要的“猫爪”形状，做好内层玻璃。

外层制作：外层玻璃制作相对来说简单很多，也是通过固定模具来为熔融的玻璃定型。

内外接合：内层和外层需要接合在一起，才能成为双层猫爪杯。双层玻璃杯制作工艺的核心是嵌套，两层玻璃能够融合在一起需要用摩擦力“拿捏”住内外层，做到大杯套小杯，用高温烧融杯口处的这两层玻璃，逐渐熔融接合到一起。

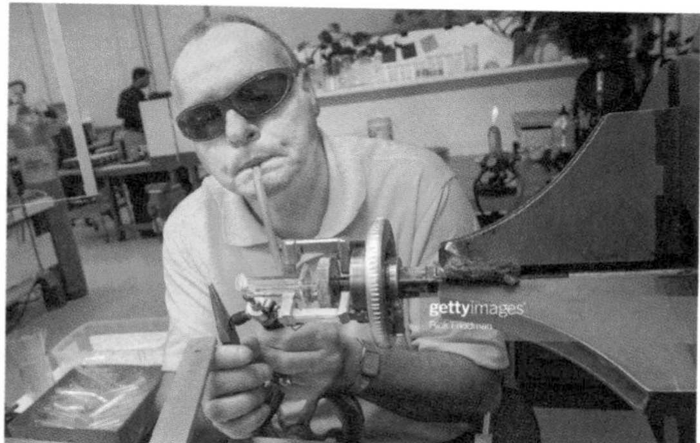

猫爪杯的内外接合制作工艺属于灯工玻璃方法，并非普通玻璃杯的制作工艺。

玻璃灯工是以玻璃管为基材，在专用的喷灯火焰上对制品进行局部加热后，利用其热塑性和热熔性进行弯、吹、按、焊等加工成型的技术，是玻璃仪器和玻璃制品（如玻璃温度计、保温瓶、灯泡、注射器、安瓿、管制瓶、电真空器件等）生产中二次热加工的成型手段。

玻璃灯工分为三类：①玻璃变形加工。将玻璃加热软化，借外力和内腔吹气进行操作，如弯曲、吹泡、拉延、翻口边、封管底等。冷凝管球芯、蛇形芯、保温瓶胆圆底、试管翻口圆底等制品的加工属于此例。②玻璃部件互相焊接。玻璃烧熔后焊合整形，熔成一体，如玻璃管件对口接、丁字接、内外管套口部环接等。同种玻璃焊接最为安全。不同种玻璃焊成的制品，如果热膨胀系数存在过大差异，焊合后冷却时将出现收缩差异，造成体积效应引起结构应力，当应力超过玻璃强度时将导致炸裂，石英玻璃与普通玻璃焊接属于此例。解决的办法是采用几种热膨胀系数递变的玻璃作为中间过渡玻璃。③玻璃部件与金属焊封。尽量采用热膨胀系数接近的玻璃与金属进行匹配封接。当两者热膨胀系数差异太大时，可选用中间过渡玻璃、性质较软的金属细丝或薄箔与玻璃进行非匹配封接，封接处产生的结构应力可通过金属变形得到补偿。

Crystal Glass
水晶玻璃

关于水晶玻璃

水晶玻璃并不是由水晶（石英）制成的，而是向普通玻璃中加入矿物质制成的。因为在比重、通透度、清澈感等方面都十分接近于天然水晶，因此被称为“水晶玻璃”。水晶玻璃器皿源自欧洲，主产地为德国、法国、意大利、捷克、匈牙利等。

特性

硬度较高
质地轻薄
结实耐用
晶莹剔透
耐磨损

来源

来源广泛。

价格

相对于普通玻璃价格较高。

可持续性

新推出的无铅无钡的水晶玻璃相较于含铅水晶玻璃更加环保。

材料介绍

目前我们国家没有制定水晶玻璃的国家标准，许多企业自己制定企业标准进行生产，但多数企业参照了欧盟标准进行生产。欧盟标准中把水晶玻璃杯分为无铅、中铅和高铅 3 种。中铅玻璃杯的氧化铅含量达到 24%；高铅玻璃杯的氧化铅含量达到 36%。

在玻璃中加入铅的成分，可以大大提高玻璃的折光率，使其有质感，更通透、清澈和明亮。各种造型的摆件、水晶玻璃杯、水晶灯就是由含铅玻璃制成的。但随着科技的发展，无铅人造水晶渐渐成为市场上的主流。

20 世纪 50 年代，无铅水晶在捷克诞生。与含铅水晶不同，这类水晶以其他元素（例如光学玻璃常用的钾）代替原本生产过程中所使用的铅，在保留含铅人造水晶优点的同时，又有自己的特色，具体表现为材质富有弹性、晶莹透澈，轻击时也有清脆的金属声。

最重要的是，无铅水晶杯不含铅，安全无毒，更加环保健康，是目前欧美市场上水晶玻璃杯的新主流。

产品案例分析

USUHARI 超薄玻璃杯系列

By Shotoku Glass

产品介绍

“USUHARI”超薄玻璃杯系列是日本松德哨子玻璃制造厂沿用传统电灯泡吹制技术生产的产品。

从家庭式制作工坊转型的松德硝子厂成立至今已有 90 多年了。沿用传统人工吹制灯泡的技术生产出的 USUHARI 超薄玻璃杯，从杯口到杯底的厚度都严格控制在 1 毫米内，只为让用户在使用时忽略掉杯子的存在感，体验更美味的饮品，这是机器生产的产品所达不到的极致体验。

color

USUHARI 超薄玻璃杯拥有极致简洁的外形，轻薄的玻璃让杯中的饮品更接近它本身的颜色，使饮品的色泽和质感最大限度地映透出来。视觉上的美感也是味觉不可分割的一部分。

material

不同于一般的玻璃杯，使用无铅水晶玻璃制造出的器具具有更好的透光性。在阳光下看杯身，杯体周身晶莹剔透，散发出五彩的光，更加通透纯净。杯体的触感总是保持在令人愉悦的冰凉温度。

产品案例分析

finishing

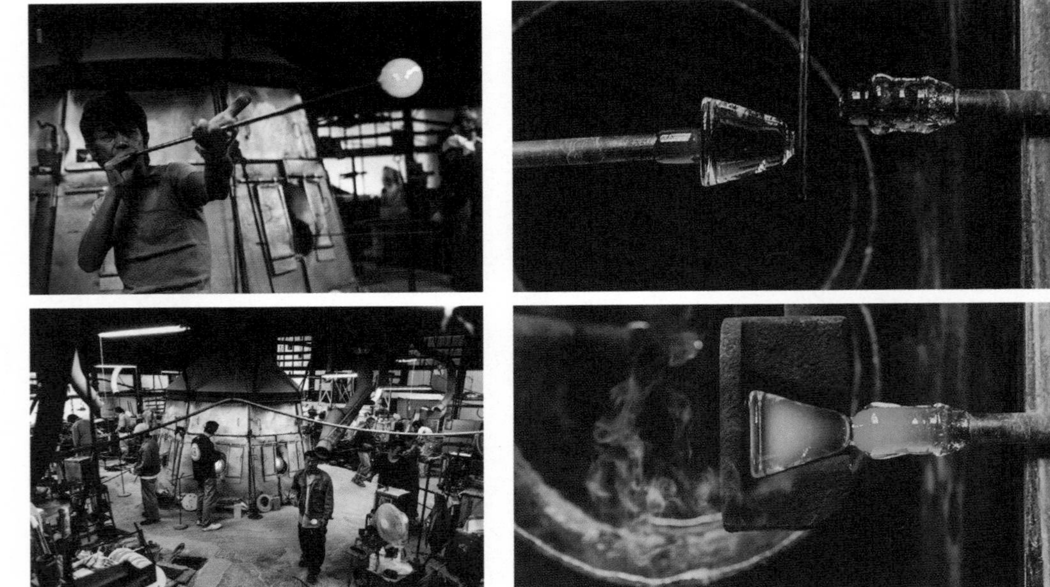

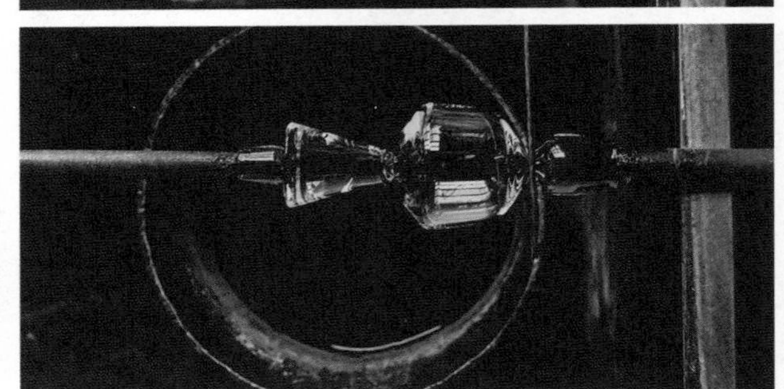

玻璃制作工艺分为热加工与冷加工。热加工是将原料高温加热，在玻璃熔融状态下进行制作。而冷加工则是在冷却后对固态玻璃进行加工的工艺，切割加工是其中常用的技法。

USUHARI 采用的是把熔融的玻璃放入模具中，然后人工吹气，待玻璃在模具中成型后取出冷却的“型吹”制造工艺。杯子的外形、玻璃的厚薄与均匀程度等全靠工匠师傅根据玻璃的熔化状态与玻璃材料的多少决定吹气的力度与吹气量，所有动作必须在几十秒内完成。每只杯子的制作过程中，都必须经过吹制、冷却、切口等 7 个步骤，这一切的严谨操作造就了精湛手工艺打造的极简之美。

章节思考

华为 Mate 20 RS 保时捷版手机是华为公司在 2018 年发布的 Mate 20 系列的手机之一。与该系列的其他型号手机不同的是，在外观上 Mate 20 RS 保时捷版的手机背壳采用了皮革加玻璃材质，使得整机融入跑车的设计语言。试从 CMF 角度分析这款手机背板设计的色彩、材质、工艺等要素，并从创新设计的角度分析该产品。

参考文献 REFERENCES

[1] Liliana Becerra.CMF Design - The Fundamental Principles of Colour Material Finish [M]. Amsterdam:Frame Publishers,2016.

[2] Chris Lefteri.Materials for Design [M]. London:Laurence King, 2014.

[3] Chris Lefteri.Making It, Second edition: Manufacturing Techniques for Product Design[M]. London:Laurence King, 2012.

[4] Nikkei Design. 设计师一定要懂的材质运用知识 [M]. 台北：旗标，2016.

[5] 徐有明 . 木材学 [M]. 北京 : 中国林业出版社，2006.

[6] 方崇荣，骆嘉言 . 世界贸易木材原色图鉴 [M]. 北京 : 中国林业出版，2004.

[7] 刘一星，赵广杰 . 木质资源材料学 [M]. 北京中国林业出版社，2006.

[8] 缪莹莹，孙辛欣 . 产品创新设计思维与方法 [M]. 北京：国防工业出版社，2017.

[9] 张锡 . 设计材料与加工工艺（第 2 版）[M]. 北京：化学工业出版社，2010.

[10] 刘东峰 . 材料设计基础 [M]. 北京：清华大学出版社，2014.

[11] 唐纳德 .A. 诺曼 . 设计心理学 [M]. 北京：中信出版社，2010.

[12] 席跃良 . 色彩与设计色彩 [M]. 北京：清华大学出版社 , 2006.

[13] 夏进军 . 产品形态设计 - 设计 . 形态 . 心理 [M]. 北京：北京理工大学出版社 , 2012.

[14] 印慈江久多衣 . 配色速查手册 : 美丽的配色 [M]. 江苏：江苏凤凰科学技术出版社，2019.

[15] 唐世林 . 金属加工常识 [M]. 北京：北京理工大学出版社 , 2009.

[16] 刘彦国 . 塑料成型工艺与模具设计 -(第 3 版)[M]. 北京：人民邮电出版社 ,2014.

[17] 余岩 . 工程材料与加工基础 [M]. 北京：北京理工大学出版社，2007.

[18] 中国木材标准化技术委员会 . 木材材积速查手册 [M]. 吉林：吉林科学技术出版社，2006.

[19] Robert Hoekman, Jr. 用户体验设计 : 本质、策略与经验 [M]. 北京：人民邮电出版 ,2017.

[20] 代尔夫特理工大学工业设计工程学院 . 设计方法与策略 - 代尔夫特设计指南 [M]. 武汉：华中科技大学出版社，2014.

[21] 柳沙 . 设计艺术心理学 [M]. 北京：清华大学出版社，2006.

[22] 孔键 . 色彩文化与色彩设计 [M]. 上海：同济大学出版社 ,2010.

[23] 杨晓辉 . 产品制造技术基础 [M]. 北京：清华大学出版社，2014.

[24] 伊達千代 . 色彩设计的原理 [M]. 北京：中信出版社，2011.

[25] 喜多俊之 . 给设计以灵魂 - 当现代设计遇见传统工艺 [M]. 北京：电子工业出版社 ,2012.

[26] 谭德睿 . 中国传统工艺全集 : 金属工艺 [M]. 河南：大象出版社，2007.

[27] 十时启悦，工藤茂喜，西川荣明 . 漆器髹涂 - 装饰 - 修缮技法全书 [M]. 北京：化学工业出版社，2018.

[28] 杨明山 . 塑料成型加工工艺与设备 [M]. 北京：印刷工业出版社 ,2010.

[29] 中国现代陶瓷艺术编委会 . 中国现代陶瓷艺术（汉英对照)[M]. 武汉：武汉理工大学出版社 ,2017.

[30] 张云洪 . 陶瓷工艺技术 [M]. 北京：化学工业出版社 ,2006.

[31] 许绍银 , 许可 . 中国陶瓷辞典 [M]. 北京：中国文史出版社 ,2019.

[32] 祝重华 . 中国漆艺与设计 [M]. 北京：中国建筑工业出版社，2016.

[33] 李思益，程凤侠 . 皮革及毛皮机械 [M]. 北京：中国轻工业出版社，2015.

[34] 全国塑料标准化技术委员会 . 通用工程塑料标准汇编 [M]. 北京：中国标准出版社，2005.